高等院校应用型人才培养"十四五"规划教材

短视频创意与制作
案例化教程

（第2版）

宣化科技职业学院
天津滨海迅腾科技集团有限公司　编著

天津大学出版社

TIANJIN UNIVERSITY PRESS

图书在版编目(CIP)数据

短视频创意与制作案例化教程（第2版） / 宣化科技职业
学院, 天津滨海迅腾科技集团有限公司编著. – 天津 : 天津大
学出版社, 2022.8（2024.1重印）
高等院校应用型人才培养"十四五"规划教材
ISBN 978-7-5618-7223-9

Ⅰ.①短… Ⅱ.①宣… ②天… Ⅲ.①视频制作－高
等学校－教材 Ⅳ.①TN948.4

中国版本图书馆CIP数据核字(2022)第109030号

DUANSHIPIN CHUANGYI YU ZHIZUO ANLIHUA JIAOCHENG

出版发行	天津大学出版社	
地　　址	天津市卫津路92号天津大学内(邮编:300072)	
电　　话	发行部:022-27403647	
网　　址	www.tjupress.com.cn	
印　　刷	廊坊市海涛印刷有限公司	
经　　销	全国各地新华书店	
开　　本	185mm×260mm	
印　　张	17.5	
字　　数	437千	
版　　次	2022年8月第1版　2024年1月第2版	
印　　次	2024年1月第2次	
定　　价	69.00元	

高等院校应用型人才培养"十四五"规划教材
指导专家

基于工作过程项目式教程
《短视频创意与制作案例化教程》

主　编：杨婷婷　刘若华
副主编：苗　鹏　杨博剑　艾静蕊　李婧婧
　　　　杨海源　董媛媛　宋志新　赵冬晓

前　言

本书是一本培养短视频制作人才的教材,针对短视频职业岗位的最新需求,采用"逆向制定法"设计课程内容,即:先根据专业领域的工作内容,分析对应知识、技能与素质要求,确立每个模块的知识与技能组成,对内容进行甄选与整合;引入真实项目来培养读者的短视频制作能力,实现知识传授与技能培养并重,使其更好地适应职业岗位对短视频制作人才的需求。本书引入大量实际应用中的企业级项目实训案例,以真实生产项目、典型工作任务等为载体组织教学单元,摒弃传统教材繁杂的理论知识讲解方式,以各短视频平台的优秀项目为载体、以工作任务为驱动,基于短视频制作实际工作流程,完成所需的相关知识和技能的讲解,使读者在完成项目的过程中学会如何完成具体任务,在掌握相应理论知识的同时也学会相应的职业技能,支持工学结合的一体化教学。

本书紧紧围绕"以行业及市场需求为导向,以职业专业能力为核心"的编写理念,融入新时代中国特色社会主义的新政策、新需求、新信息、新方法,以课程思政主线和实践教学主线贯穿全书,突出职业特点,落地岗位工作动线和过程。

本书主要以短视频制作的工作流程为主线,坚持以学生能力发展为中心、以实际工作岗位训练为手段的理念,秉持"企业订单先导、标准融入、三方考核评价、校企合作共育人"的原则编写而成。全书知识点的讲解由浅入深,使每一位读者都能有所收获,也保持了整本书的知识深度。

本书由杨婷婷、刘若华共同担任主编,苗鹏、杨博剑、艾静蕊、李婧婧、杨海源、董媛媛、宋志新、赵冬晓担任副主编。本书从短视频的基本制作出发,由浅入深地讲解短视频制作流程,同时对光影、创意、构图等与短视频制作相关的基本知识,一一进行讲解,最后引导读者通过案例实操掌握短视频制作的核心知识,使其能自主完成一个短视频作品的制作。

本书共分 6 章,分别是短视频基础知识、短视频的策划与拍摄、短视频的创意与镜头、短视频的文案与光影、短视频的运营与构图、短视频制作的常见软件;基于"知识重点"→"引言"→"技能"→"案例实战"思路,采用循序渐进的方式从软件的常用工具、面板与命令、软件的基础操作、营销与管理、颜色与效果、光影与镜头等方面对知识点进行讲解,并配套丰富的教学资源,支持线上线下混合式教学。书中循序渐进地讲解了 Premiere、After Effects 及其他常见软件的功能与用法。通过对本书的学习,读者可以掌握利用这些软件制作短视频的方法。

书中每一章节都设有对应的短视频制作案例,将短视频的拍摄理论知识与创意制作融会贯通,案例中涉及的知识点可充分应用到工作之中。书中的理论内容简明扼要,实操讲解细致、步骤清晰,讲解过程均附有相应的效果图,便于读者直观、清晰地看到操作效果。本书特别适合初级、中级的短视频制作者或高职院校相应专业的学生使用,能够帮助学习者提高短视频制作能力,使其作品质量更上一层楼。

由于编者水平有限,书中难免出现错误与不足,恳请读者批评指正。

编者
2021 年 12 月

目　录

短视频即短片视频，又称作小视频或微视频等，是一种依托网络的视频内容传播方式，可以在社交、媒体平台上播放，及时分享各种内容。短视频集合了图像、音频、文字，且形式多种多样，最大限度地满足了人们展示、沟通、交流的愿望，深受现代人的喜爱。在未来，随着5G（第五代移动通信技术）网络的逐渐普及，短视频的类型与内容将会更加丰富，会受到更多平台、粉丝和资本的青睐，产生更大的经济效益，同时将对人们的精神生活产生深远的影响。

图 1-1　5G 网络设想图

第 1 章　短视频基础知识

思政育人

对所学习的基础知识能够做到融会贯通，可以进行完整项目制作。在项目制作实践中把爱国主义精神深入到学生制作的短视频、公益广告、文化宣传片中，培养学生践行社会主义核心价值观，形成正确的世界观、人生观、价值观。

知识重点

- 了解短视频的概念、特点、类型。
- 熟悉制作短视频的常用软件。
- 掌握短视频制作的基本流程。

1.1 短视频的基本情况

随着网络技术的不断发展、网民人数的不断增加,短视频应运而生,随之成为当今时代非常重要的信息载体,引起了广泛的关注。目前短视频在历经了"风口期"之后,进入快速发展的阶段。短视频展现出了惊人的生命力与发展潜力。

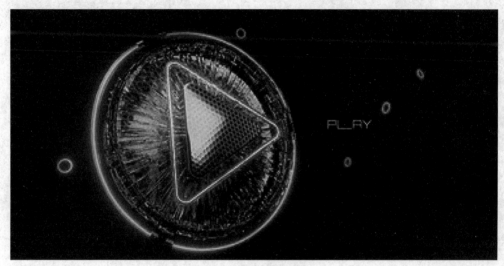

图 1-2　短视频播放图标

1.1.1 短视频的发展

从时间上看,短视频的发展大体上分为三个阶段。

2013 年至 2015 年是短视频发展的初始阶段。一些制作短视频的应用程序(例如"美拍""秒拍"等)慢慢出现在人们的视野中,短视频这种新兴的传播方式逐渐被大家接受与认可,短视频的制作模式初步被确立。

图 1-3　"美拍"与"秒拍"图标

2016 年至 2017 年是短视频发展的成熟阶段。此时,以"南抖音、北快手"为代表的短视频应用程序异军突起,成为新一代媒体的领军者,特别是在受到资本市场的青睐后,短视频领域的"蛋糕"争夺战进入鏖战状态,甚至电视、报纸等传统媒体也进入短视频争夺战中,欲分一杯羹。

图 1-4　"抖音"与"快手"图标

2018 年至今是短视频发展的井喷阶段。短视频的热度不减反升,争夺战呈现出白热化趋势。随着短视频播放量的爆发式增长,垂直细分模式全面启动,其商业经济模式也进入一个全新阶段。更多的短视频平台使尽浑身解数,力求吸引更多粉丝的关注,以创造更高的经济价值。

图 1-5　短视频效果图

1.1.2　短视频的主要作用

传播信息是短视频最重要的功能之一。如果短视频制作得当,具有创新性、娱乐性、知识性,便能引起人们的广泛关注与共鸣,其传播的速度、力度也是其他媒介所不能比拟的。人们通常会对新鲜事物感兴趣,对某些短视频内容进行模仿,更有甚者会在原视频基础上进行创作,制作出一段新的视频,与其他用户产生互动,以得到评论、点赞、转发,这无形中也提高了短视频的宣传力。

指导消费是短视频在商业时代衍生出的作用之一。优秀的营销视频能够刺激消费者产生购买行为。网络高速发展到今天,利用直播平台营销成为互联网的一大亮点,商家将营销短视频发布到各个直播平台上,短时间内便可获得宣传的效果,达到营销的目的。电商营销的载体由网页逐渐转换成短视频,其从追求单调的图文显示转向强调音视频效果(甚至影视效果)与强烈的场景代入感,这是一种高效率的营销方式,也是一种消费方式的革新。专业的短视频营销团队会在各方面表现出独创性,保证视频的原创性,保持营销效果的稳定性。

图 1-6　短视频特效

1.1.3　短视频的优势

短视频的传播形式较之传统的传播形式,能给人们的视觉、听觉带来更强烈的冲击力,能使观看者有更好的体验感。而对于短视频制作者来说,作品创作的时间、地点、内容十分宽泛且自由,关于自己生活、爱好、个性的短视频基本上可以做到随时随地创作、分享。所以,短视频有着即时性、碎片化、互动性、营销性等特点,可使观看者在十分轻松、惬意的环境中,与短视频制作者在媒体平台实现实时分享、无缝对接,建立更直接、友好的互动关系,进行相关的沟通、交流、展示与分享。

图 1-7　短视频拍摄

(1)即时性。相对于长视频而言,短视频的视频时间明显缩短,可以随时随地对社会热点、生活新闻,乃至一些趣闻逸事进行敏锐捕捉与及时发布。这个特点决定了短视频要"短小精悍、言简意赅",不能大篇幅地高谈阔论,同时更要保证信息的"新鲜"程度,及时面世,便于发布者与粉丝进行交流、沟通,对信息内容进行更新、判断,保证发布的信息内容的真实、完整。

图 1-8　延时拍摄

（2）碎片化。随着科学技术的快速发展，人们的生活、工作节奏越来越快，时间被分割成碎片，很多人难以做到集中大量时间去读一本书或看一部电影，生活与工作中的习惯潜移默化地被改变。更多的人倾向于用"短、平、快"的视频填充、丰富碎片化的时间，短视频因此应运而生，其"短而丰富"的特点正好适应了现代人生活、工作的节奏。借助于网络的普及与发展，短视频在技术上得到了支持，短视频行业实现了飞跃式发展。

图 1-9　短视频的碎片化

（3）互动性。新媒体时代，手机的性能不断地得到提升，为视频的录制与分享提供了支持。短视频平台都是可以实现双向甚至多向互动的，视频发布者可以通过视频观看者的反馈信息，对自己的作品进行更有针对性的改进；视频观看者可以通过与视频发布者进行交流、产生共鸣，对支持的视频进行跨平台、多平台的传播。这种良性互动的视频传播使得人们主动参与，有利于短视频的循环发展。

图 1-10　短视频的互动性

（4）营销性。在短视频播放的画面中，视频发布者可附上商品购买链接，当观看者看到心仪的商品时，可方便、快捷、准确地"一键购物"，这是其他营销方式所不能比拟的。而与电视广告或网络广告高昂的制作与推广费用比起来，短视频制作成本较低、观看人数多、内容丰富,可以准确定位消费群体,精准销售,增加销售额。短视频营销人员还可以通过关注人数、评论人数、分享人数等数据,预测出营销效果与销售量,提前制定下一步的营销方案。

虽然短视频有上述特点,但是发展到今天也暴露出一些问题。首先是过度娱乐化;其次是原创作品少,盲目跟风模仿现象增多;最后是低俗内容泛滥,缺少正确的价值观。

部分短视频粗制滥造,内容肤浅,没有内涵,缺少实用价值,这最终会影响观看群体的稳定性。短视频的传播速度惊人,而短视频平台的监管工作存在一定的滞后性。问题视频即使被及时删除,但已经不可避免地出现了跨平台的传播现象。发现这些问题从长远看对于我们将短视频行业引领到正确的道路上是起到积极作用的,只要我们科学、合理地解决这些问题,短视频行业将会取得更辉煌的成绩。

1.1.4　短视频的赢利模式

（1）传统平台的赢利模式是利润分成模式,如各大视频网站对原创视频有大量需求,当一段视频符合了播放量的要求,就可以通过审核,然后根据播放量获得相应的平台利润分成。这是早期短视频的赢利模式,现在有些平台还在沿用此赢利模式。

（2）粉丝打赏也是一种常见的赢利模式。视频发布者制作了一些受大众欢迎的或者知识性较强的短视频,拥有了大量的粉丝,有些粉丝会对主播进行"打赏",这种赢利模式在直播行业十分流行。

（3）现在通常的赢利模式是对优质短视频的付费变现,将个人的知识直接转化为金钱。短视频中还可以穿插广告,当浏览量达到一定数量时,广告的性价比是非常高的,多数商家都愿意做这种广告推广。

（4）还有一种短视频引流赢利模式,例如,自媒体制作者通过短视频吸引观看者关注自己的公众号、自媒体号等,以积累大量的粉丝,然后进行商品推销。

图 1-11　播放短视频

目前来说,短视频平台赢利主要借助广告、信息流、内容植入、直播。下面我们以短视频平台"抖音"为例,进一步说明短视频的赢利模式。"抖音"是一款音乐创意短视频社交软件,于2016年问世,视频多配以节奏感强烈的音乐(也有部分抒情音乐的展示)与创意十足的视频内容,在网络上进行传播,深受年轻用户的喜爱。首先,其用于赢利的广告主要包括软性广告和硬性广告。在"抖音"首页推荐中,平均每浏览15个视频左右,便会出现一个广告短视频。据了解，"抖音"的广告费用大概是每千人 200 多元，如果按照一条广告每天浏览量 100 万人次算，那么这条广告每天的收入是 20 万元左右。其次是直播赢利，也就是直播分成。"抖音"直播的抖币和人民币的兑换比例为 7∶1，直播间里大家频繁赠送的礼物其实就是金钱，所以许多明星纷纷踏入"抖音"直播平台，其粉丝数量都是千万级别的，带来的利润与效益可想而知，这也是许多短视频平台使用的赢利模式。再次是内容植入，只不过是个人与商家合作，进行广告宣传，类似前两种赢利模式的融合，当一个用户的粉丝积累到一定数量，形成了个人品牌之后，便会有商家主动找其洽谈合作，帮商家做广告、做宣传，收入也是非常丰厚的。最后是信息流，其实就是一种新型的广告，通过短视频平台推送给观看者，人们可以自由选择感兴趣的内容，同时删除或是忽略不喜欢的内容。

无论采用何种赢利模式，拥有庞大数量的关注者才是基础，关注量受许多因素影响，但最重要的就是制作出品质精良、传播正能量、积极向上、受大家欢迎的短视频作品。

1.1.5　短视频的渠道类型

短视频按照渠道分类，大致有在线视频渠道、资讯客户端渠道、社交平台渠道、短视频渠道、垂直类渠道几种类型。

（1）在线视频渠道。在这种渠道下，主要通过搜索和编辑推荐来获得视频的播放量。这种渠道受主观因素影响非常大，如果有很好的推荐，视频的播放量就会有所提升。例如，一些微电影上线之后，会通过广告推广获取观看用户，观看用户会到在线视频网站搜索这个微电影。"优酷""爱奇艺""腾讯视频"使用的都是这种渠道。

（2）资讯客户端渠道。在这种渠道下，主要通过平台推荐的大数据来获得视频的播放量。目前这种渠道在很多平台上应用，被认为是未来的趋势。例如，"网易云音乐"智能推荐歌曲，"淘宝"智能推荐商品，"今日头条""一点资讯"智能推荐新闻，都使用的是这种渠道。

（3）社交平台渠道。这种渠道是各大资本必争之地，不但是短视频的重要渠道，也是各种商务合作的重要渠道。例如，微信、微博、QQ 等，是人们重要的社交工具。

（4）短视频渠道。该渠道早期并未引起人们重视，从 2014 年人们才意识到短视频的发展前景，越来越多的短视频平台开始出现。各种数据表明，短视频渠道的影响力相当强劲。例如，"美拍"在 2014 年上线，9 个月的时间用户数量就突破了一亿人。

（5）垂直类渠道。最具代表性的就是电商平台，例如"淘宝""京东"等，电商平台通过短视频，可以帮助用户更全面地了解商品，从而促进销售。

短视频按照内容分类，大致有电影解说类、街头访谈类、技能知识类、幽默搞笑类、清新文艺类几种类型。

（1）电影解说类。这种视频深受大众欢迎，优秀的电影解说视频中的声音有着较高的辨识度，解说风格也是五花八门的，有幽默搞笑的、有严谨叙述的、有轻松愉悦的，无论选择哪种形式，尽量将自己对电影的思想观点表现出来，不要单单做一个电影片段的"搬运工"。

（2）街头访谈类。这种视频现在也是非常火爆、常见的。最大的看点就是问题的话题性，视频内容应更具有讨论效果。所提的问题多是民众关心的各种热点问题。双方的对话应展现内心的真实想法，贴近生活，引起更多路人的兴趣和参与。

（3）技能知识类。这种视频就是将自己擅长、精通的技能展示给大家。数据显示，书画、戏曲、传统工艺是短视频中播放量最多的三种传统文化类型。还有美食类短视频,体现出视频发布者对生活的乐观和热爱,也相当受大家欢迎。还可将一些生活小窍门制作成短视频进行传播,风格轻快,吸引人观看、学习。

(4)幽默搞笑类。这种视频是最受大家喜爱和关注的。视频发布者通常利用一些当下社会关注度较高的事件或贴近生活的话题去制作内容,找到切入点,用幽默的语言进行调侃,形成自己的风格。有些视频内容有一定故事情节又有出人意料的反转结局,引人捧腹大笑或在欢笑之余能引起人们共鸣,这种视频能够缓解现代人的精神压力、紧张心情,使人身心得到愉悦。

(5)清新文艺类。这种视频相对来说比较小众一些,主要针对文艺青年,但是粉丝忠诚度较高,实现商业价值较容易。这种视频艺术气息浓厚,风格有种微电影的既视感,色调清新淡雅,画面和意境都很唯美,内容多与生活、文化、风景相关。

1.2 视频编辑流程

人们通常把视频分成短视频与长视频。两者既有相同之处,也有不同之处。短视频可以用来拓宽知识面,增进人们对未知世界的了解;长视频可以带领人们深入了解感兴趣的领域,增加认知的深度。短视频的特点就是短、平、快,内容碎片化,无法实际地展现发生事实的本质,但是可以传播一些简单的信息;长视频的特点是内容有深度且具体,制作者需要对内容进行深度的加工和设计,这需要制作者对内容有理性的思考和认识。

不过从视频制作流程角度来说,二者又十分类似。第一,准备相应的素材资料(包含视频、音频、图片等素材),根据备好的素材资料组织视频编辑的流程;第二,进行素材的编辑,将素材中的瑕疵减到最少,目的是使视频中展示的内容更有质量,播放更加流畅;第三,制作视频特效,通过添加各种过渡与特效,使画面的排列及效果更加符合主流审美,在做电视节目、新闻或者采访的视频时,通过添加文字字幕,可以明确表达制作者的观点,使人物讲话的内容更清晰、更易于理解;第四,处理音频效果,可以调节左右声道或声音的高低、渐变等效果;第五,生成视频文件,制作完成后的视频可以在播放终端中进行观看。

下面使用现有的音视频素材,利用学习过的剪辑软件与后期软件,对素材"指针""烟火""圣诞树""雪花""汽车""蜡烛"(如图1-12至图1-17所示)进行相应编辑,最终生成一个有关"回家"的视频短片。

图1-12 "指针"

图1-13 "烟火"

图 1-14　"圣诞树"

图 1-15　"雪花"

图 1-16　"汽车"

图 1-17　"蜡烛"

（1）打开 Premiere（以下简称"Pr"）软件，单击"新建项目"（如图 1-18 所示），在"新建项目"对话框的"名称"中输入"短视频"，其他选项使用默认选择即可（如图 1-19 所示）。

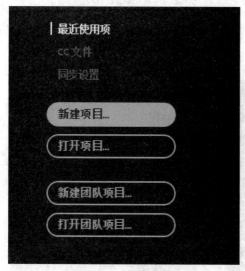

图 1-18　新建项目

图 1-19　名称

（2）在菜单栏中选择"文件"→"新建"→"序列"（如图 1-20 所示），或使用快捷键"Ctrl+N"创建序列，在弹出的"新建序列"对话框的"序列预设"中使用默认"标准 48 kHz"（如图 1-21 所示）。若对序列进行进一步设置（例如对视频的大小比例进行调节），可单击"设置"，在"编辑模式"中选择"自定义"，在"帧大小"中对视频的大小比例进行调节（如图1-22 所示）。

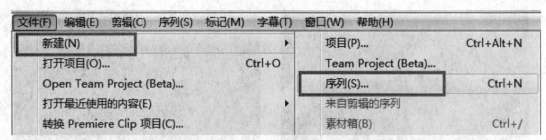

图 1-20　新建序列

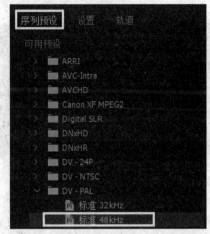

图 1-21　序列预设

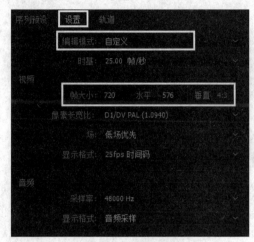

图 1-22　设置序列

（3）将素材拖入"项目面板"中（如图 1-23 所示），也可以单击"项目面板"后方的属性 图标，在弹出的菜单中选择"列表"（如图 1-24 所示）。

图 1-23　项目面板

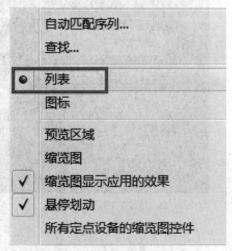

图 1-24　列表

（4）将素材拖入"序列 01"中，按照"雪花""汽车""指针""蜡烛""烟火""圣诞树"的顺序 进行摆放（如图 1-25 所示），在"序列 01"中将时间指针放到"雪花"素材上，再到"节目面板"中调节"雪花"素材的大小（先单击素材,再拖动素材控制点）,使其与序列相匹配,其他 5 个素材大小的调节重复以上操作即可（如图 1-26 所示）。

图 1-25　摆放素材

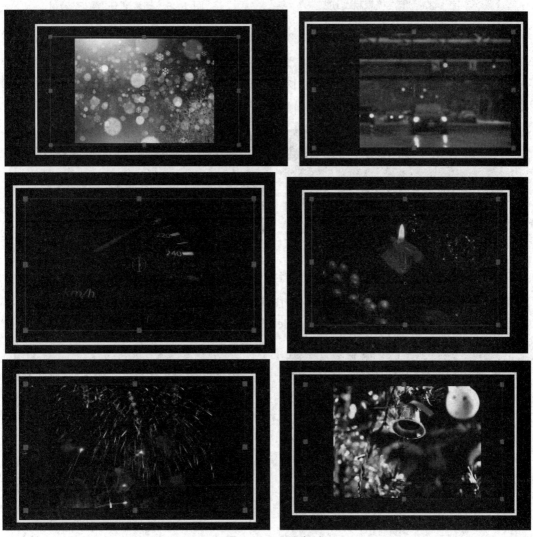

图 1-26　匹配序列

（5）对于一个短视频来说,每个素材的时间不宜过长,所以每个素材的时间要控制在 5 秒钟左右。首先要选择素材中需要保留的内容,选择"剃刀工具" 或使用快捷键"C"剪切,再将不需要的素材删除。以"雪花"素材为例,将"时间指针"放置在6秒的位置,使用"剃刀工具"进行剪切(如图1-27),再选择"雪花"素材后面部分,单击鼠标右键选择"清除"或使用快捷键"Delete"将其删除(如图1-28所示)。

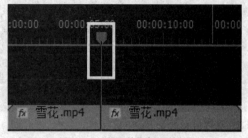
图1-27 "雪花"素材剪切

图1-28 删除部分"雪花"素材

(6)对于"汽车"素材,若想保留45秒与60秒之间的内容,可将"时间指针"分别放置在45秒与60秒的位置,使用"剃刀工具"进行剪切(如图1-29所示),再选择"汽车"素材前、后部分,单击鼠标右键选择"清除"或使用快捷键"Delete"将其删除(如图1-30所示)。

图1-29 "汽车"素材剪切

图1-30 删除部分"汽车"素材

(7)以同样的操作处理"指针"素材,将"时间指针"分别放置在1分38秒与1分40秒的位置,使用"剃刀工具"进行剪切(如图1-31所示),再选择"指针"素材前、后部分,单击鼠标右键选择"清除"或使用快捷键"Delete"将其删除(如图1-32所示)。

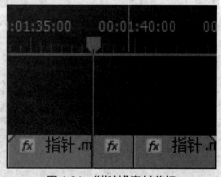
图1-31 "指针"素材剪切

图1-32 删除部分"指针"素材

(8)接下来选择"蜡烛"素材,将"时间指针"分别放置在1分49秒与1分55秒的位置,使用"剃刀工具"进行剪切(如图1-33所示),再选择"蜡烛"素材前、后部分,单击鼠标右键选择"清除"或使用快捷键"Delete"将其删除(如图1-34所示)。

图 1-33　"蜡烛"素材剪切

图 1-34　删除部分"蜡烛"素材

（9）选择"烟火"素材，将"时间指针"放置在 2 分 5 秒的位置，使用"剃刀工具"  进行剪切（如图 1-35 所示），再选择"烟火"素材后面部分，单击鼠标右键选择"清除"或使用快捷键"Delete"将其删除（如图 1-36 所示）。

图 1-35　"烟火"素材剪切

图 1-36　删除部分"烟火"素材

（10）选择"汽车"素材，单击菜单栏中的"剪辑"，选择"速度 / 持续时间"（如图 1-37 所示）或使用快捷键"Ctrl+R"，在弹出的"剪辑速度 / 持续时间"对话框中，将"速度"设置为"350%"（如图 1-38 所示）。

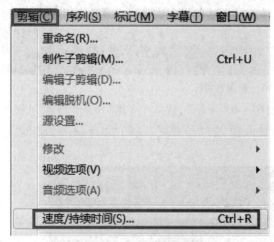

图 1-37　速度 / 持续时间

图 1-38　输入数值（"汽车"素材）

（11）选择"蜡烛"素材，单击菜单栏中的"剪辑"，选择"速度 / 持续时间"或使用快捷键"Ctrl+R"，在弹出的"剪辑速度 / 持续时间"对话框中，将"速度"设置"150%"（如图 1-39 所示）。选择"圣诞树"素材，单击菜单栏中的"剪辑"，选择"速度 / 持续时间"或使用快捷键"Ctrl+R"，在弹出的"剪辑速度 / 持续时间"对话框的"持续时间"后输入"00：00：05：00"（如图 1-40 所示）。

图 1-39　输入数值（"蜡烛"素材）　　　　图 1-40　输入数值（"圣诞树"素材）

（12）使用鼠标左键，选择素材之间的空余位置（如图 1-41 所示），单击鼠标右键，弹出"波纹删除"命令（如图 1-42 所示）。选择"波纹删除"命令后，素材被连接在一起（如图 1-43 所示），对其他部分素材间的空余位置也进行"波纹删除"，效果如图 1-44 所示。

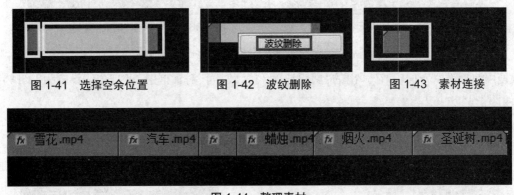

图 1-41　选择空余位置　　　　图 1-42　波纹删除　　　　图 1-43　素材连接

图 1-44　整理素材

（13）在"效果"中打开"视频效果"（如图 1-45 所示），将"风格化"中的"马赛克"（如图 1-46 所示）拖到"雪花"素材上，在"效果控件面板"的"马赛克"下的"水平块"后输入"30"、"垂直块"后输入"20"（如图 1-47 所示）。

图 1-45　视频效果

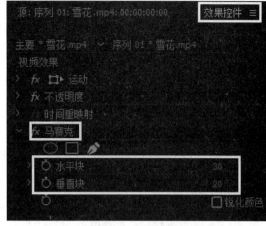

图 1-46　马赛克　　　　　　　　　　　　　图 1-47　调节属性

（14）将"时间指针"放置在 0 秒的位置（如图 1-48 所示），在"马赛克"下的"水平块"后输入"30"、"垂直块"后输入"20"，单击两个属性的"切换动画"（如图 1-49 所示）。

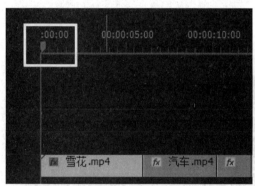

图 1-48　时间指针　　　　　　　　　　　　图 1-49　马赛克属性

（15）将"时间指针"放置在 5 秒的位置（如图 1-50 所示），在"马赛克"下的"水平块"后输入"1500"、"垂直块"后输入"1000"（如图 1-51 所示）。

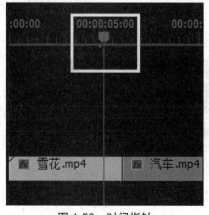

图 1-50　时间指针　　　　　　　　　　　　图 1-51　调节数值

（16）将"时间指针"放置在"汽车"素材上，将"颜色校正"下的"亮度与对比度"（如图1-52 所示）拖到"汽车"素材上，在其"亮度"处输入"10"、"对比度"处输入"30"（如图1-53 所示）。

图 1-52 亮度与对比度

图 1-53 亮度与对比度属性

（17）将"时间指针"放置在"00：00：12：07"的位置（"蜡烛"素材），将"生成"下的"镜头光晕"（如图1-54 所示）拖到"蜡烛"素材上，在"镜头光晕"的"光晕中心"后输入"300、100"，将"与原始图像混合"设置为"100%"，单击"与原始图像混合"的"切换动画"（如图1-55 所示）。

图 1-54 镜头光晕

图 1-55 镜头光晕属性

（18）将"时间指针"放置在"00：00：16：06"的位置（如图1-56 所示），将"镜头光晕"的"与原始图像混合"设置为"0%"（如图1-57 所示）。

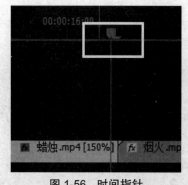

图 1-56 时间指针

图 1-57 调节属性

（19）将"时间指针"放置在"烟火"素材上，将"颜色校正"下的"Lumetri Color"（如图1-58

所示）拖到"烟火"素材上，对"Lumetri Color"的"RGB 曲线"中的"红、绿"进行调节（如图 1-59 所示）。

图 1-58　Lumetri Color

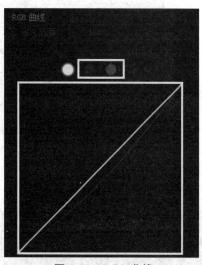

图 1-59　RGB 曲线

（20）将"时间指针"放置在"圣诞树"素材上，将"模糊与锐化"下的"高斯模糊"（如图 1-60 所示）拖到"圣诞树"素材上，单击"高斯模糊"的"创建椭圆形蒙版"，在"蒙版羽化"后输入"120"、"蒙版不透明度"后输入"100%"、"蒙版扩展"后输入"100"，勾选"已反转"，在"模糊度"后输入"20"（如图 1-61 所示）。

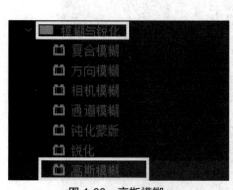

图 1-60　高斯模糊

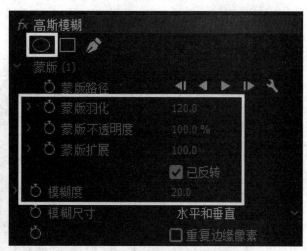

图 1-61　高斯模糊属性

（21）在"效果"中打开"视频效果"（如图 1-62 所示），打开"溶解"，选择"叠加溶解"（如图 1-63 所示），将"叠加溶解"拖到时间线面板上的"雪花"素材与"汽车"素材之间（如图 1-64 所示）。

图 1-62　视频效果

图 1-63　叠加溶解

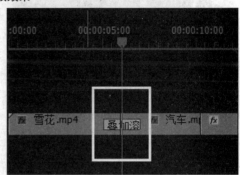

图 1-64　添加叠加溶解

（22）单击"时间线面板"上的"叠加溶解"，在"效果控件面板"中出现"叠加溶解"属性，在"持续时间"后输入"00：00：02：00"（如图 1-65 所示），"时间线面板"上的"叠加溶解"也随之变长（如图 1-66 所示）。

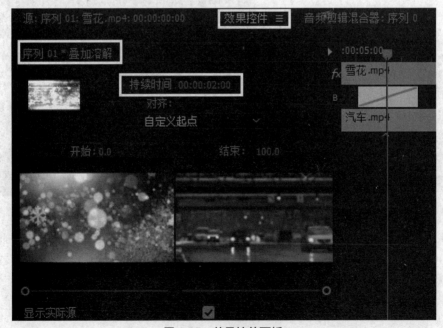

图 1-65　效果控件面板

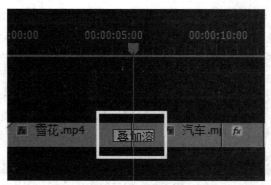

图 1-66　叠加溶解变长

（23）将"时间指针"放置在"00：00：09：06"的位置（"汽车"素材）（如图 1-67 所示），在"效果控件面板"中单击"不透明度"的"添加 / 移除关键帧"（如图 1-68 所示）。

（24）将"时间指针"放置在"00：00：10：06"的位置（"汽车"素材）（如图 1-69 所示），在"效果控件面板"中的"不透明度"后输入"0%"（如图 1-70 所示）。

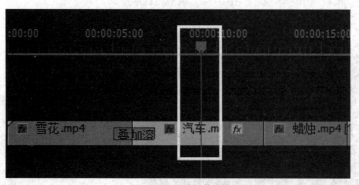

图 1-67　时间指针

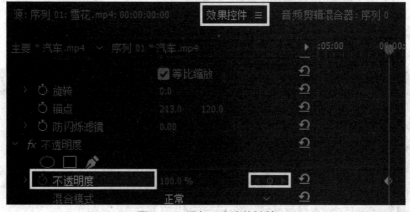

图 1-68　添加 / 移除关键帧

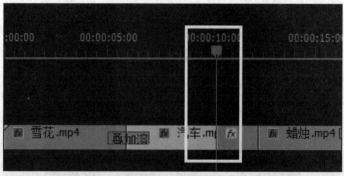

图 1-69　时间指针

图 1-70　调节不透明度

（25）打开"效果"→"视频效果"→"缩放"，选择"交叉缩放"（如图 1-71 所示），将其拖到"时间线面板"上的"指针"素材与"蜡烛"素材之间（如图 1-72 所示）。

图 1-71　交叉缩放

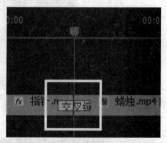

图 1-72　添加交叉缩放

（26）单击"时间线面板"上的"指针"素材与"蜡烛"素材之间的"交叉缩放"，在弹出的"效果控件面板"中，将"对齐"选择为"终点切入"（如图 1-73 所示）。

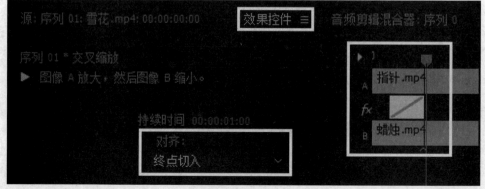

图 1-73　调节属性

（27）打开"效果"→"视频效果"→"擦除"，选择"随机擦除"（如图 1-74 所示），将其拖到"时间线面板"上的"蜡烛"素材与"烟火"素材之间（如图 1-75 所示）。

图 1-74　随机擦除

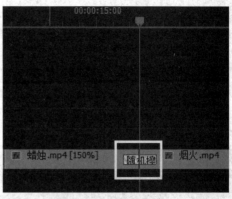

图 1-75　添加随机擦除

（28）单击"时间线面板"上的"蜡烛"素材与"烟火"素材之间的"随机擦除"，在弹出的"效果控件面板"中，将"对齐"选择为"中心切入"，在"边框宽度"后输入"3"，将"边框颜色"选择为"FFE488"，勾选"反向"（如图 1-76 所示）。

（29）再次打开"擦除"，选择"油漆飞溅"（如图 1-77 所示），将"油漆飞溅"拖到"时间线面板"上的"烟火"素材与"圣诞树"素材之间（如图 1-78 所示），单击"时间线面板"上的"烟火"素材与"圣诞树"素材之间的"油漆飞溅"，在弹出的"效果控件面板"的"持续时间"后输入"00：00：02：00"，将"对齐"选择为"中心切入"（如图 1-79 所示）。

图 1-76　调节属性

图 1-77　油漆飞溅

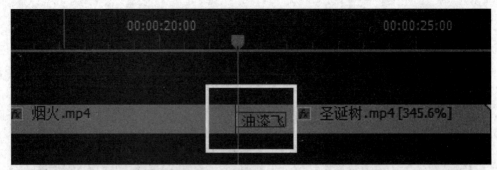

图 1-78　添加油漆飞溅

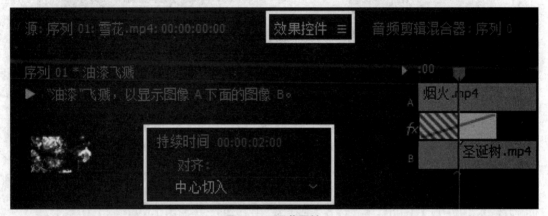

图 1-79　调节属性

　　（30）打开 After Effects（简称"AE"）软件，在"开始"对话框中单击"新建项目"（如图 1-80 所示），单击菜单栏中的"合成"，选择"新建合成"命令（如图 1-81 所示）。

图 1-80　新建项目

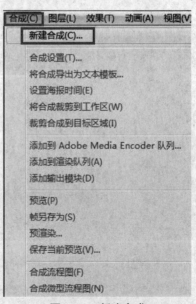

图 1-81　新建合成

（31）在弹出的"合成设置"对话框中，将"合成名称"设置为"字幕"，将"预设"选择为"PAL D1/DV"，在"持续时间"后输入"0：00：02：00"（如图 1-82 所示）。单击"横排文字工具" ，在"字符面板"中，将字体选择为"Candara、Bold"、颜色选择为"FF0000"、描边选择为"FCD000"、描边大小选择为"20"、填充方式选择"在描边上填充"，将水平缩放设置为"120%"，并选择"仿粗体"（如图 1-83 所示），在"合成面板"中输入文字，调节文字的排列方式（如图 1-84 所示）。

图 1-82　合成设置

图 1-83　字符

图 1-84　文字

（32）在"字幕"中，单击"变换"。在"位置"后输入"43、260"（如图1-85所示），单击"文本"中的"动画"后的 ，选择"模糊"（如图1-86所示）。

图1-85　字符位置

图1-86　模糊

（33）在弹出的"动画制作工具1"下的"范围选择器1"的"模糊"后输入"100、100"（如图1-87所示），单击"动画制作工具1"中的"添加"后的 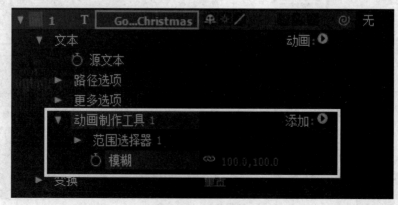，选择"属性"中的"缩放""不透明度"（如图1-88所示）。

图1-87　调节属性

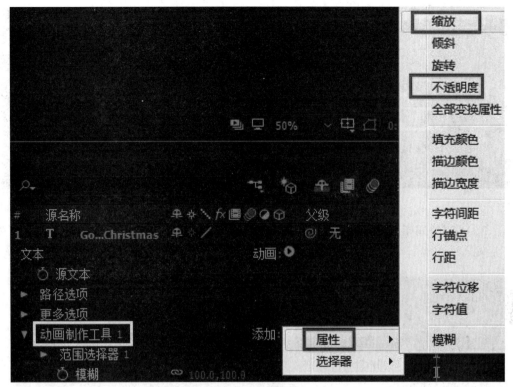

图 1-88　选择属性

（34）在"缩放"后输入"500、500%"、"不透明度"后输入"0%"（如图 1-89 所示），单击"范围选择器 1"中的"高级"选项（如图 1-90 所示）。

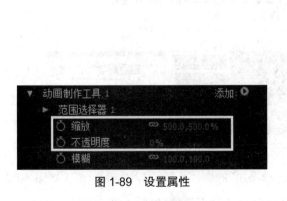

图 1-89　设置属性

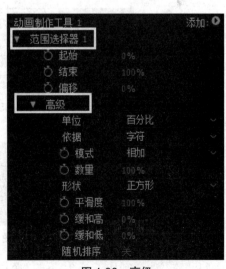

图 1-90　高级

（35）将"高级"中的"形状"选择为"下斜坡"（如图 1-91 所示），将"时间指针"放置在 0 秒的位置，在"范围选择器 1"中的"偏移"后输入"100%"，同时单击"时间变化秒表"的位置（如图 1-92 所示）。

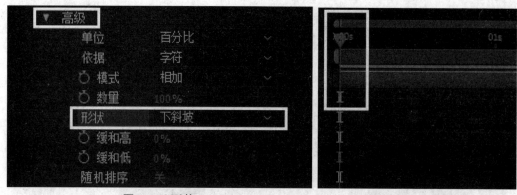

图 1-91 形状   图 1-92 时间指针

（36）将"时间指针"放置在 1 秒的位置（如图 1-93 所示），在"范围选择器 1"中的"偏移"后输入"100%"，（如图 1-94 所示）。

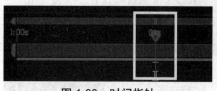

图 1-93 时间指针

图 1-94 调节偏移

（37）将"时间指针"放置在 2 秒的位置，在"范围选择器 1"中，将"偏移"设置为"-100%"（如图 1-95 所示），再次单击"文本"中的"动画"后的 ，选择"位置"（如图 1-96 所示）。

图 1-95 再次调节偏移

图 1-96 位置

（38）在"动画制作工具 2"下的"范围选择器 1"的"位置"后输入"700、0"（如图 1-97 所示），将"起始"设置为"100%"，同时单击"时间变化秒表" （如图 1-98 所示）。

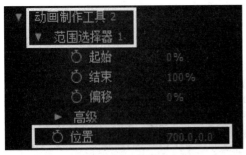

动画制作工具 2
范围选择器 1
起始 0%
结束 100%
偏移 0%
高级
位置 700.0,0.0

图 1-97　位置

动画制作工具 2
范围选择器 1
起始 100%
结束 100%
偏移 0%

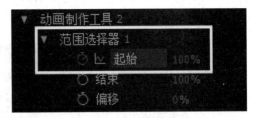

图 1-98　起始

（39）将“时间指针”放置在 2 秒的位置（如图 1-99 所示），在“范围选择器 1”中，将“起始”设置为“0%”，同时单击“时间变化秒表” （如图 1-100 所示）。

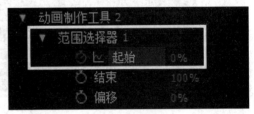

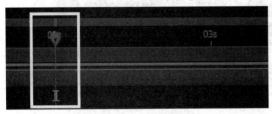

03s

图 1-99　时间指针

动画制作工具 2
范围选择器 1
起始 0%
结束 100%
偏移 0%

图 1-100　起始

（40）打开“运动模糊”与“文字层”的“运动模糊”（如图 1-101 所示），选择“文字层”，单击菜单栏中的“编辑”，选择“重复”命令（如图 1-102 所示）。

源名称
父级
1
T
Go...Christmas
无

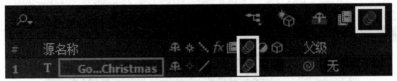

图 1-101　运动模糊

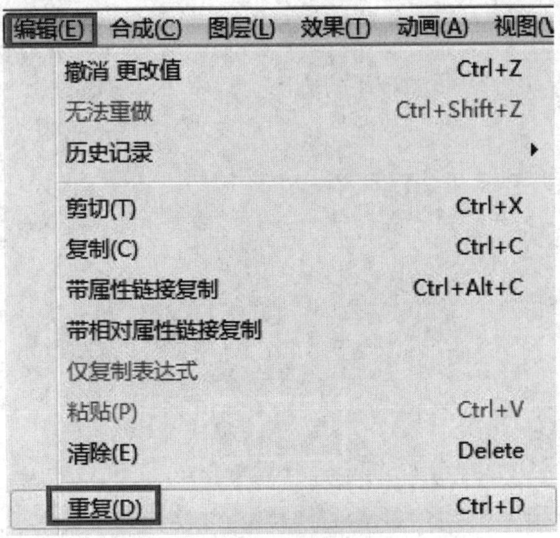

编辑(E) 合成(C) 图层(L) 效果(T) 动画(A) 视图(V
撤消 更改值 Ctrl+Z
无法重做 Ctrl+Shift+Z
历史记录
剪切(T) Ctrl+X
复制(C) Ctrl+C
带属性链接复制 Ctrl+Alt+C
带相对属性链接复制
仅复制表达式
粘贴(P) Ctrl+V
清除(E) Delete
重复(D) Ctrl+D

图 1-102　重复

（41）此时在"项目面板"中得到文字层2（如图1-103所示），打开文字层2，在"位置"后输入"43、490"，在"缩放"（取消约束比例）后输入"100、-100%"，将"不透明度"设置为"15%"（如图1-104所示）。

图1-103　文字层2

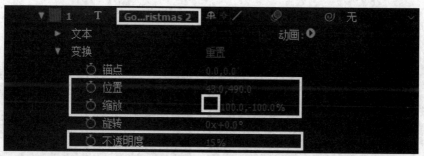

图1-104　调节属性

（42）在菜单栏中，选择"图层"→"新建"→"纯色"命令（如图1-105所示），在弹出的"纯色设置"对话框中将"颜色"设置为"000000"（如图1-106所示）。

图1-105　纯色

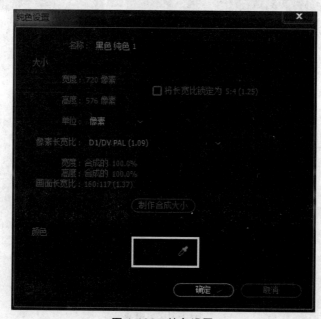

图1-106　纯色设置

（43）在菜单栏中，选择"效果"→"生成"→"镜头光晕"命令（如图 1-107 所示），在"效控控件面板"的"光晕中心"后输入"-50、250"，"镜头类型"选择"105 毫米定焦"（如图 1-108 所示）。

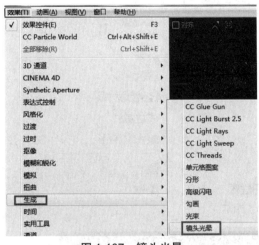

图 1-107　镜头光晕

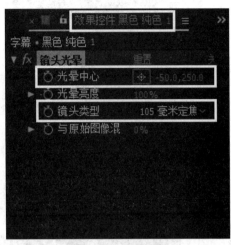

图 1-108　调节属性

（44）将"时间指针"放置在 8 帧的位置（如图 1-109 所示），单击"光晕中心"的"时间变化秒表" ![图标]（如图 1-110 所示）。

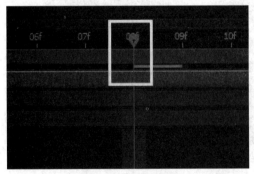

图 1-109　时间指针

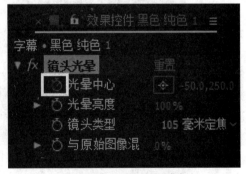

图 1-110　时间变化秒表

（45）将"时间指针"放置在 20 帧的位置（如图 1-111 所示），在"光晕中心"后输入"1000、250"（如图 1-112 所示）。

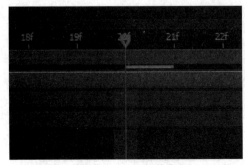

图 1-111　时间指针

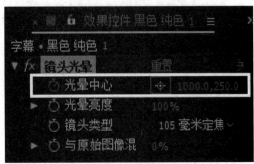

图 1-112　光晕中心

（46）选择"黑色 纯色 1"层,用鼠标右键单击该层,选择"混合模式"→"相加"（如图 1-113 所示),得到图层混合的效果（如图 1-114 所示）。

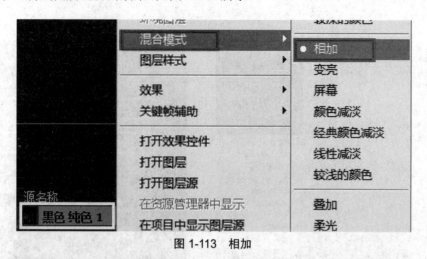

图 1-113　相加

图 1-114　混合效果

（47）在菜单栏中,选择"合成"→"添加到渲染队列"（如图 1-115 所示）,或在"渲染队列面板"中单击"输出模块",在弹出的"输出模块设置"对话框中,将"格式"选择为" 'TIFF' 序列"（如图 1-116 所示）。

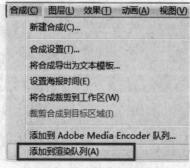

图 1-115　添加到渲染队列

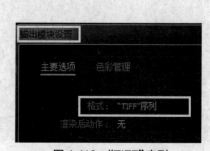

图 1-116　"TIFF"序列

（48）单击"输出到"，在弹出的"将影片输出到"对话框中选择输出路径（如图 1-117 所示），单击"渲染队列面板"中的"渲染"（如图 1-118 所示）。

图 1-117　将影片输出到相应位置

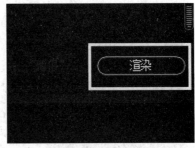

图 1-118　渲染

（49）打开 Pr 软件，用鼠标右键单击"项目面板"空白处，选择"导入"（如图 1-119 所示），在弹出的"导入"对话框中，选择导入的字幕，勾选"图像序列"（如图 1-120 所示）。

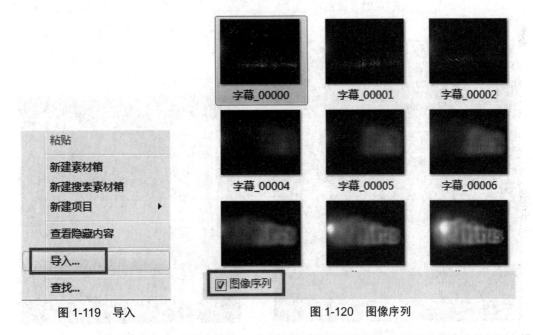

图 1-119　导入

图 1-120　图像序列

（50）在"时间线面板"中选择"字幕"，在"效果控件面板"中，将"不透明度"的"混合模式"选择为"滤色"（如图 1-121 所示），单击菜单栏中的"剪辑"，选择"速度 / 持续时间"（如图 1-122 所示），在弹出的"剪辑速度 / 持续时间"对话框中将"持续时间"设置为"00：00：04：00"（如图 1-123 所示），再将"时间指针"放置在 1 秒的位置，将"字幕"与"时间指针"对齐摆放（如图 1-124 所示）。

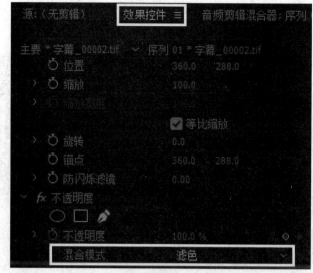

图 1-121　滤色

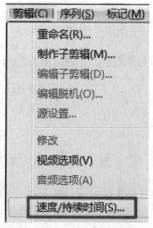

图 1-122　速度 / 持续时间

图 1-123　持续时间

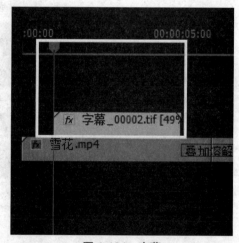

图 1-124　字幕

（51）在"项目面板"中将"音乐素材"导入（如图 1-125 所示），将"时间指针"放置在 6 秒的位置（如图 1-126 所示），选择"剃刀工具"对"音乐素材"进行剪切（如图 1-127 所示），将"音乐素材"前面部分删除，再将"音乐素材"放置到 0 秒的位置（如图 1-128 所示）。

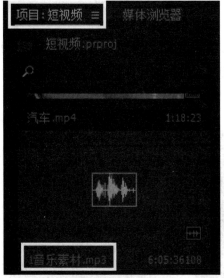

图 1-125　音乐素材

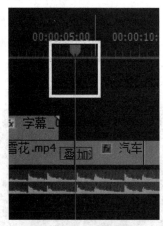

图 1-126　时间指针

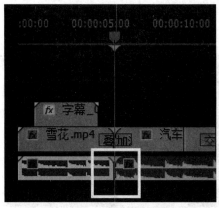

图 1-127　剪切音乐素材

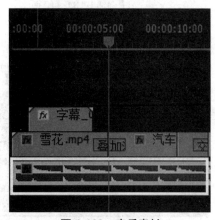

图 1-128　音乐素材

（52）将"时间指针"放置在"00：00：26：12"的位置（如图 1-129 所示），使用"剃刀工具" 对"音乐素材"进行剪切，将"音乐素材"后面部分删除（如图 1-130 所示）。

图 1-129　时间线

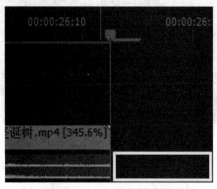

图 1-130　删除音乐素材

（53）将"时间指针"放置在 0 秒的位置,选择并打开"音乐素材",在"效果控件面板"中将音量"级别"调至"-50 dB"(如图 1-131 所示)。将"时间指针"放置在 1 秒的位置(如图 1-132 所示),将音量"级别"调至"-18 dB"(如图 1-133 所示)。将"时间指针"放置在 25 秒的位置(如图 1-134 所示),单击"级别"中的"添加 / 移除关键帧" （如图 1-135 所示)。将"时间指针"放置在 26 秒 12 的位置,将音量"级别"调至"-50 dB"(如图 1-136 所示)。

图 1-131　级别

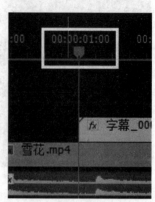

图 1-132　时间指针

图 1-133　级别

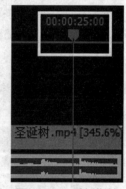

图 1-134　时间指针

图 1-135　添加 / 移除关键帧

图 1-136　级别

（54）将"时间指针"放置在 25 秒的位置,选择"圣诞树"素材,在"效果控件面板"的"不透明度"中单击"添加 / 移除关键帧" （如图 1-137 所示)。将"时间指针"放置在

26 秒 12 的位置,在"不透明度"后输入"0%"(如图 1-138 所示)。

图 1-137　添加 / 移除关键帧

图 1-138　调节属性

　　(55)单击菜单栏中的"文件",选择"导出"→"媒体"命令(如图 1-139 所示),在"导出设置"中,将"格式"选择为"H.264",在"输出名称"后输入"圣诞"(选择储存路径),勾选"导出视频"和"导出音频"(如图 1-140 所示),播放导出视频,观察最终效果(如图 1-141所示)。

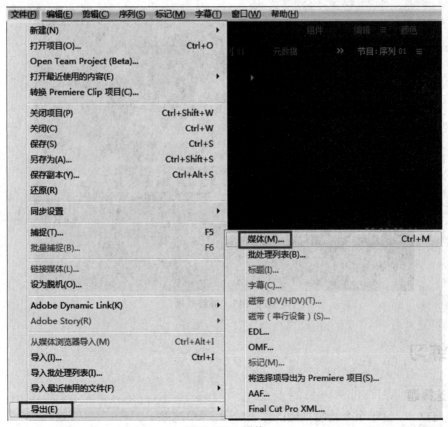

图 1-139　媒体

图 1-140 导出设置

图 1-141 最终效果

课后练习

1. 选择题

（1）自（ ）年至今是短视频的井喷阶段。（单选题）

A. 2017　　　　　　B. 2018　　　　　　C. 2019　　　　　D. 2020

(2)短视频的主要作用是(　　)。(多选题)

A. 传播信息　　　　B. 指导消费　　　　C. 引导潮流　　　　D. 方便交流

(3)短视频按照渠道分类,大致有(　　)类型。(多选题)

A. 在线视频渠道　　B. 资讯客户端渠道　　C. 社交平台渠道　　D. 时尚美妆

(4)短视频按照内容分类,大致有(　　)类型。(多选题)

A. 电影解说类　　　B. 垂直类渠道　　　C. 技能知识类　　　D. 幽默搞笑类

(5)(　　)类型的短视频,粉丝忠诚度较高,实现商业价值较容易。(单选题)

A. 电影解说类　　　B. 清新文艺类　　　C. 技能知识类　　　D. 幽默搞笑类

2. 简答题

(1)简述短视频的优势。

(2)简述短视频的赢利模式。

3. 操作题

请制作一段以中国传统节日——春节为主题的视频作品,要求画面温馨和谐,突出喜庆团圆之意,表达对家人、祖国的祝福。视频时长不超过 1 分钟,素材应用不少于 12 条,各个素材之间的过渡协调、特效适当。请遵循画面唯美、主题明确的思路完成作品。

第2章 短视频的策划与拍摄

思政育人

在具体的创作实践和艺术传播过程中,艺术短片作为意识观念的承载媒介,在给予观众艺术审美体验的同时,实现艺术的情感调动与价值导引。掌握角色情感与受众情感的共鸣;实现审美观念与价值判断的统一。引导学生努力传承民族文化基因、铸造文化自信并讲好中国故事。

知识重点

- 了解短视频市场的定位策略及方法。
- 掌握用手机拍摄视频的方法。
- 掌握美食类短视频的制作流程。

2.1 短视频的策划

如今,短视频作品铺天盖地般席卷而来,若想在众多短视频作品中脱颖而出,那么市场调研、人群定位、内容策划等是必不可少的环节。短视频的内容策划决定着短视频的制作与后期运营,优秀的内容策划是一个短视频脱颖而出的前提条件。

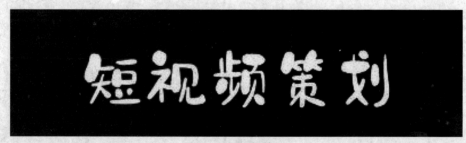

图 2-1 短视频策划

2.1.1 内容策划的原则

遵循短视频内容策划的原则,更容易找准方向,搭建平台,从而离制作出"爆款"短视频更进一步。

(1)满足用户需求。用户的体验感是短视频获得关注、评论、转发的关键因素,所有短视频的制作都要将用户需求放在第一位,以便最大限度地得到用户的认可。

当然，迎合用户的喜好也是有选择的，短视频制作者要抵制充满"负能量""低级趣味"的内容，也要关注管理政策与平台规范，避免因使用不当内容而导致的违规现象。制作者要制作可以激发用户正能量情感与言行的短视频作品，确保制作、输出的短视频是具有一定价值的"干货"，从而推进短视频的裂变传播。

（2）注重短视频与用户之间的互动效果。为了在较短的时间内提升用户点击率，短视频要选择互动性较强的话题，多聚焦大家关注的热点事件，有意识地引导用户评论。例如在短视频内容的题材上，可选择"故事性"较强的内容，经过精心地组织、构思，向用户传递生动的内容，从而获得关注；可选择"传奇性"较强的内容，通过对奇异、新鲜的事物进行讲解，激发用户的好奇心，从而获得关注；还可以选择"情感性"较强的内容，无论欢乐或悲伤的内容，通常都能引起用户的情感共鸣，获得不凡的点击率。

图 2-2　金秒奖海报

（3）重视原创性。用户的喜好各不相同，任何人都难以确定某个短视频能否成为"爆款"，但是有原创内容才会有关注量。

首先，原创内容要有"特色"。如果短视频只是单纯地依靠转载，辨识度较低，没有创意和特色，久而久之就会被淹没在海量的短视频中。

其次，原创内容要有"痛点"。相似的经历可以拉近与用户的距离，使用户"感同身受"，产生"同理心"，让用户感到被理解、被尊重、被认可。

最后，原创内容要有"印象"。短视频时长通常都是几十秒，所以前 5 秒至关重要，用户是否有兴趣看完短视频就在这 5 秒。画面、措辞及其他方面的细节都需要精心打磨，制作者要将自己的观点清晰、明确地阐述出来，以最恰当的方式将其呈现给用户。

进行短视频内容策划时，经常会使用到"头脑风暴法"，即刺激、鼓励团队中所有成员畅所欲言,开展集体讨论的方法。其又可分为直接头脑风暴法和质疑头脑风暴法。前者是专业人员群体决策,尽可能激发创造性,产生更多的设想;后者是对前者提出的设想的逐一质疑,分析其现实可行性。

此外,对短视频进行策划构思时,还可参考制作短视频的常用结构形式使策划构思更有针对性。常用的短视频结构形式有以下两种。

①"三幕剧形式",三幕剧的概念起源于舞台戏剧,是指用三幕表演完成对一个剧本的演绎,每一幕的剧情各有其内容,三幕结合后呈现最精彩的剧情给观众。在三幕剧中,通常第一幕与第三幕各占全剧内容的 25%,第二幕占全剧内容的 50%(此规定可根据现实情况随机变换)。这"三幕"套用在短视频中则是起因 —— 过程(转折)—— 结果,三个部分融会贯通将形成一个完整的故事结构。此种形式特别适合于短视频内容的策划构思。

②"段落形式",通过不同时间阶段表现的不同内容,吸引用户的关注。以一个 30 秒的短视频为例,可按照 1 秒—5 秒—10 秒—25 秒进行分段,"1 秒"就是在短视频的第 1 秒吸引用户驻足观看,"5 秒"就是在短视频的第 5 秒阐明主题或提出任务,"10 秒"就是在短视频的第 10 秒集中播放最核心的内容,"25 秒"就是在短视频的第 25 秒与用户互动,引导用户进行关注、留言、转发等操作。

2.1.2　短视频进阶——"品牌"短视频

伴随着短视频的火爆,兴盛起来许多"品牌"短视频。这些"品牌"短视频大都具有轻快、幽默的风格,话题贴近生活,能引起用户的情感共鸣,而且内容丰富,剧情紧凑,彰显个性,拥有与众不同的视度。"品牌"短视频的重要性也是无可替代的,它考验着短视频制作者或团队的综合能力,包括策划、运营、制作、后期包装等。首先,"品牌"短视频经济价值十分可观,要远远大于其他类型短视频的价值;其次,"品牌"短视频的内容更多元化,获得更多的关注后,可继续开发出新的商业价值。

图 2-3　金秒奖最具影响力短视频品牌二更视频平台

若想创建出"品牌"短视频,应注重以下几个要素。

1. 形象

形象是"品牌"短视频的重要特征,可以是真实的人,也可以是虚幻出来的动漫元素。形象设计要突出鲜明的个性,"品牌"短视频的形象都有较高的辨识度,可在头像、封面、首图等中,融入"品牌"短视频形象。鲜明的个性更容易引起用户的共鸣,给用户留下深刻的印象,从而获得更多的关注量。

图 2-4　头像示意图

2. 质量

质量永远是短视频的核心,想要创建出“品牌”短视频,就要在视频质量上精心打磨、精耕细作,保证优质短视频源源不断产出。同时,还要注意维持粉丝的热情,例如及时回复用户评论,注重粉丝反馈,保持与粉丝之间的互动。

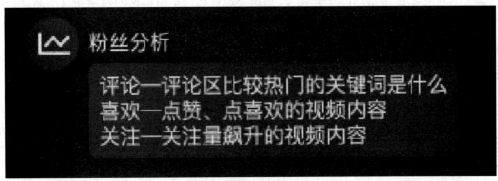

图 2-5　粉丝分析示意图

3. 营销

在对短视频账号进行宣传时,可以同时在多个平台上进行,比如在微博、微信等社交媒体上进行有效营销,带动粉丝数量的增长。了解不同平台的算法(所谓算法,是指一系列解决问题的清晰指令,算法代表着用系统的方法描述、解决问题的策略机制),算法能起到对短视频制作的规范作用,了解算法对“品牌”短视频的健康持续成长有很大的帮助。总之,要想创建出“品牌”短视频,前期需要不断地深化,后期需要不断地强化,将“品牌”这种符号放大,以拥有自己的粉丝,就像滚雪球一样,越滚越大,这样,“品牌”短视频也就形成了。

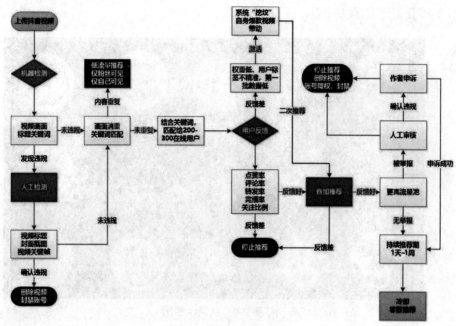

图 2-6　算法示意图

2.2　手机的拍摄功能

现在智能手机的拍摄功能十分强大,知识类短视频对拍摄器材的要求相对不高,所以使用智能手机基本就可以满足拍摄要求。虽然不同品牌、型号的手机的拍摄功能有所不同,但总体来说相差不大,常用的拍摄功能基本一致。

2.2.1　"分辨率"与"帧率"的设置

手机拍摄效果,除了和拍摄技巧有关,还和拍摄的基础设置有关,所以在使用手机拍摄前要对"分辨率"与"帧率"进行设置。"分辨率"是指视频成像产品所呈现图像的大小或尺寸,理论上"分辨率"越高,视频就越清晰。常见的分辨率有"720P"与"1080P",按照 16∶9 的宽高比例计算,可以得知"720P"对应 1280×720,其全部像素约是 92 万,"1080P"对应 1920×1280,其全部像素约是 200 万。视频由连续的画面组成,帧是指一个个静止的画面,连续的帧就形成动画。"帧率"就是每秒钟传输的图片的帧数。常用的"帧率"有 24fps、30fps、60fps,其中 24fps 是传统、标准的帧率,既能保持视频画面的流畅,又不会使文件过大占用储存空间;30fps 通常在夜间拍摄使用,画面会比 24fps 更流畅,但是文件也会更大;60fps 是最流畅的画面效果,通常用于拍摄对质量有较高要求的视频,同时其所占内存也是最大的。

图 2-7　手机分辨率示意图

图 2-8　帧率示意图

2.2.2　滤镜

滤镜主要用来实现图像的各种特殊效果。滤镜最初是在 Photoshop 中配置的,后来手机将其借鉴过来,为拍摄增添了许多效果。不同品牌的手机滤镜不尽相同,使用者可以根据自己的需求使用不同的滤镜进行色彩调节。

图 2-9　滤镜分类

图 2-10　原图与滤镜效果对比

2.2.3　测光模式

测光是指测试被摄物反射回来的光亮度。不同品牌的智能手机,测光的计算方法不同,所以得到的亮度值也不尽相同。下面介绍三种最常见的测光模式:"矩阵测光""中央重点测光""点测光"。

(1)"矩阵测光",也叫平均测光模式,这种方式测量画面整体的光亮度的平均值,同时也能照顾局部亮度,从而避免画面曝光过度或曝光不足,适用于画面光线比较平均、亮度暗度反差不大的情况。"矩阵测光"是使用最广泛的测光模式。

(2)"中央重点测光",是一种传统的测光方式,注重对画面中央部分进行测光,然后取其平均值,适用于主体类作品的拍摄,特别是在拍摄主体与周围环境的亮度相差较大的情况下使用有较大优势,如对人像或景物进行测光。

(3)"点测光",仅对画面中心很小的范围进行测光,只能保证测光点周围的较小区域的曝光率准确,最后根据测光所得的数据决定曝光参数,适用于逆光拍摄、追随拍摄等情况。图 2-11~图 2-13 是三种测光模式下呈现出的不同效果。

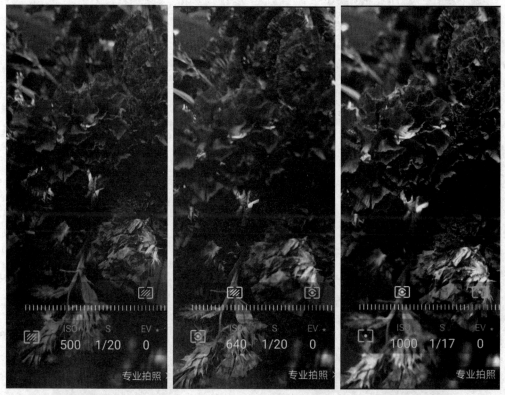

图 2-11　矩阵测光　　　　图 2-12　中央重点测光　　　　图 2-13　点测光

2.2.4　曝光补偿

曝光补尝(EV)是一种曝光控制方式。它通过变换相机自动演算出的适合曝光参数,让照片变得更明亮或者更昏暗,创造出独特的视觉效果。在拍摄环境较昏暗时进行曝光补偿,需要增加 EV 值,EV 值每增加 1.0,相当于摄入的光线量增加一半;相反如果照片过亮,要减小 EV 值,EV 值每减小 1.0,相当于摄入的光线量减小一半。在实际拍摄中,智能手机都配置有测光功能,对场景进行测光,所以想让画面亮一点就对较暗的地方测光,想让画面暗一点就对较亮的地方测光。当然,所有的智能手机都有默认曝光补偿参数,但是这种参数只适合部分场景,在部分场景中想要获得理想的拍摄效果,需要手动调节曝光补偿。几乎所有的曝光补偿范围都是相同的,都在一定的 EV 值内增减,但是增减并不是连续的,一般是以 1/2EV 或者 1/3EV 间隔跳跃式地增减。总之,曝光补偿的调节是由经验和对颜色的敏锐度决定的,所以要多尝试,比较不同曝光补偿下的图片质量,只有这样,才能获得理想的画面效果。下面两图就是在只有曝光补偿参数不同,其他所有拍摄条件完全相同的情况下拍摄出来的效果,图 2-14 的曝光补偿是 +4EV,图 2-16 的曝光补偿是 -4EV,最终的拍摄效果完全不同。

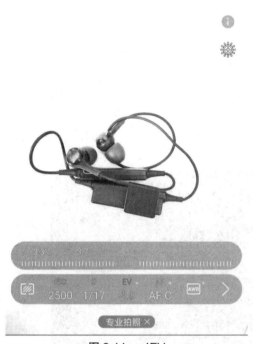

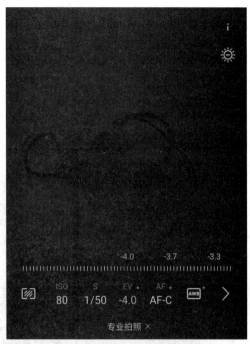

图 2-14　+4EV　　　　　　　　　　　图 2-15　−4EV

2.2.5　感光度

感光度又称为 ISO 值,是感光组件对进入机身的光线的灵敏程度。感光度数字越大,对光越敏感,画面越亮,而画质也会相应降低;反之,感光度数字越小,对光越不敏感,画面越暗,而画质也会相应提升。所以在光线充足的前提下,尽量使用低感光度来获取更高的画质。感光度不同,画面所呈现的效果对比如图 2-16 所示。

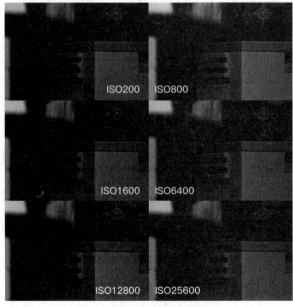

图 2-16　不同感光度的效果

2.2.6　光圈

光圈（F）是一个用来控制光线透过镜头，进入机身内感光面光量的装置，它通常是在镜头内。

拍摄时可以通过在镜头内部加入多边形或圆形，并且面积可变的孔状光栅来控制镜头通光量，这个装置就叫作光圈。光圈大小与 F 值大小成反比，大光圈的镜头 F 值小、小光圈的镜头 F 值大。例如，光圈值如下：F/1.8，F/2.8，F/4.0，F/5.6，F/8，F/11，F/16，F/22 等（如图 2-17 所示）。

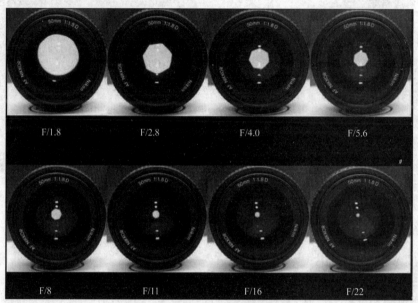

图 2-17　光圈示意图

通过调节光圈可以使画面呈现出不同的景深效果，当调节成小光圈（光圈 F 值较大）时，可以得到更大的景深范围，画面比较暗，主体前后都非常清晰；当调节成大光圈（光圈 F 值较小）时，可以得到更小的景深范围，画面比较亮，主体背景虚化，局部模糊，但画面主体的对焦更精确（如图 2-18 所示）。

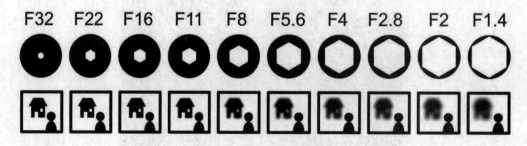

图 2-18　不同景深下的画面效果

2.2.7　快门

快门（S）是用来控制光线照射感光元件时间的装置。快门速度单位是"秒"。通常智能手机的最高快门速度能达到几千分之一秒，例如 1/4000 秒；专业相机的最高快门速度能达到几万分之一秒。而慢的快门速度能达到几秒或几分钟。在实际操作中，如果光源充足或面对光源拍摄，快门要"快"，否则会曝光过度；如果拍摄夜景，快门要"慢"，否则会曝光不足。在录制视频时，快门速度越快，画面流畅度、清晰度越高；相反，快门速度越慢，画面流畅度、清晰度越低（如图 2-19 所示）。还有一点需要注意的是由于光源频闪出现的抖动或条纹现象。例如，室内常见的日光灯频率是"50 Hz"，那么在此环境拍摄需要将快门设置成"1/50 s（秒）"；电脑屏幕频率是"60 Hz"，那么在此环境拍摄需要将快门设置成"1/60 s（秒）"，经过类似的调整，就能相对地避免频闪现象。

图 2-19　不同快门速度下的画面效果

2.2.8　延时拍摄

延时拍摄是一种特殊的摄影方法，也叫"缩时摄影"，是利用延时控制器，每间隔一定的时间拍摄一次，最后将拍摄得到的照片进行连续放映。而使用智能手机延时拍摄就是将长时间拍摄的视频压缩到很短的时间之内进行播放，类似于快放（如图 2-20 所示）。这种方法常用于拍摄植物生长、太阳升起、云海翻动等变化过程。智能手机都具有延时拍摄功能，拍摄者可轻松使用，建议在进行延时拍摄时使用三脚架固定手机，并保证有充足的电量和储存空间，将手机调节成飞行模式以免信息或来电干扰拍摄。

图 2-20　延时拍摄效果

2.2.9　慢动作拍摄

　　"慢动作拍摄"与"延时拍摄"的"快动作"效果刚好相反,在播放的时候会放慢、延长画面中主体的实际运动过程,拍摄时间也被延长,主体动作因此格外地得到强调突出(如图 2-21),这就是"慢动作拍摄"的主要作用。慢动作拍摄也被称作"时间的特写"。

图 2-21　慢动作拍摄效果

2.2.10　对焦

　　对焦也叫对光、聚焦。通过相机的对焦调节,改变与被拍物的距离,使被拍物成像清晰的过程就是对焦。智能手机对焦相对简单,通过相位检测自动对焦。在拍摄过程中,智能手机会根据自身与拍摄场景的距离进行自动对焦。当距离发生变化时,相机重新完成整个对焦过程,画面则会从模糊到清晰,这属于相机的正常现象。如果需要重新切换焦点,手动点击屏幕重新对焦即可。智能手机的对焦方式一般包含"AF-S、AF-C、MF"三种(如图 2-22),其中"AF-S"是单次的自动对焦,适合拍摄静止的物体,比如风景、花草、静态的人物照等;"AF-C"是连续对焦,适合拍摄运动、移动的物体;"MF"是手动对焦,当拍摄环境光线不足或对比度不够需要特殊构图时,就需要手动对焦。

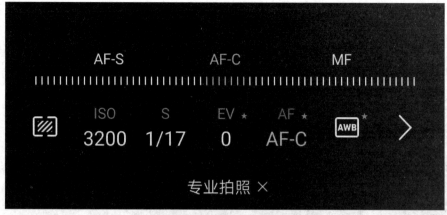

图 2-22　手机对焦的三种方式

图 2-23　对焦效果

2.3　美食类短视频的制作流程

美食节目一直以来在观众之中都有不错的"人缘"。传统的美食节目大多以烹饪教程类为主,主要的观众群体是家庭主妇,这类美食节目通常时间不长,内容也比较简单、直接,只是教授菜品的烹调方法。后来,从美食节目《舌尖上的中国》的火爆开始,越来越多的节目去探索美食。在这其中,美食类短视频的影响力是相当巨大的,可以看到很多经过短视频宣传的店铺,一跃成为"网红店",店内经常人头攒动,排满了等位的人。制作美食类短视频,要注意不可随波逐流,要形成自己的特色,围绕观看者的需求去创新、寻找突破点,从而保证优质内容的持续输出。"内容"始终在美食类短视频中占据着核心地位,而衡量一个美食类短视频是否成功的标准就是看其能否引起观看者的食欲(如图 2-24 所示)。

图 2-24　美食示意图

下面将利用录制完成的音、视频素材进行美食类短视频的制作，使用学习过的视频软件对素材进行剪辑合成，最终输出一个关于"美食"的短视频。

（1）打开 AE 软件，单击菜单栏中的"合成"，选择"新建合成"（如图 2-25 所示）或按快捷键"Ctrl+N"，在弹出"合成设置"窗口中，在"合成名称"后输入"美食片头"、"宽度"后输入"1280"、"高度"后输入"720"、"持续时间"后输入"0：00：18：13"（如图 2-26 所示）。

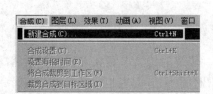

图 2-25　新建合成

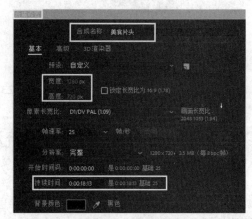

图 2-26　合成设置

（2）单击菜单栏中的"文件"，选择"导入"→"文件"或按快捷键"Ctrl+I"，将素材"片头美女"导入 AE 软件（如图 2-27 所示），对"美食片头"进行双击，在图层面板中显示素材"片头美女"（如图 2-28 所示）。

图 2-27　导入文件

图 2-28　显示素材

（3）将"时间指针"拖至 3 秒位置上（如图 2-29 所示），在工具栏中选择"Roto 笔刷工具"（如图 2-30 所示）。

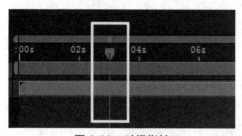

图 2-29　时间指针

图 2-30　Roto 笔刷工具

（4）使用"Roto 笔刷工具"进行抠图，按鼠标左键在人物身上进行绘制（如图 2-31 所示）。绘制完成后，在人物周边将出现紫色轮廓线（如图 2-32 所示）。

（5）对于未在紫色轮廓线内的人物部分，可继续使用"Roto 笔刷工具"进行抠图，直至紫色轮廓线将人物身体完全勾勒出来，对于紫色轮廓线内人物外的多余部分（如图 2-33 所示），可以按住"Alt"键，使用"Roto 笔刷工具"将其减选，使紫色轮廓线正好勾勒出人物身体的边缘（如图 2-34 所示）。

图 2-31　绘制

图 2-32　紫色轮廓线

图 2-33　需减选的多余部分

图 2-34　减选后的效果

　　（6）单击"图层"下方的"切换 Alpha"，可以观察勾勒出的人物的边缘是否过于生硬（如图 2-35 所示），可单击工具栏中"Roto 笔刷工具"图标右下方的小三角，选择"调整边缘工具"（如图 2-36 所示）。

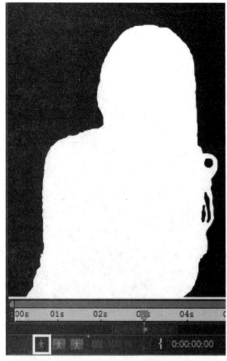

图 2-35　切换 Alpha　　　　　　　　　　　图 2-36　调整边缘工具

（7）使用"调整边缘工具"在人物头发的边缘进行绘制，可以得到更细腻的边缘效果（如图 2-37 所示），再单击"图层"下方的"切换 Alpha"，观察人物边缘的效果（如图 2-38 所示）。

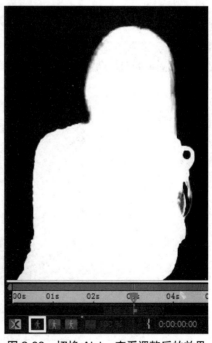

图 2-37　使用调整边缘工具进行边缘调整　　　　图 2-38　切换 Alpha 查看调整后的效果

（8）在"效果控件面板"中将"Roto 笔刷和调整边缘"的"Roto 笔刷传播"打开（如图

2-39 所示），在"搜索半径"后输入"50"，在"Roto 笔刷遮罩"下的"羽化"后输入"20"、"对比度"后输入"80"、"移动边缘"后输入"–5"、"减少震颤"后输入"100"（如图 2-40 所示）。

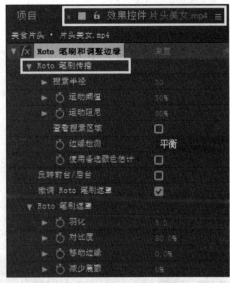

图 2-39 Roto 笔刷传播

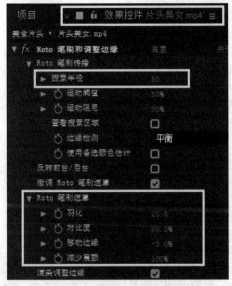

图 2-40 调节属性

（9）将"Roto 笔刷工具"的间距延长，左侧对齐 3 秒的位置，右侧对齐 13.18 秒的位置（如图 2-41 所示）。此时切换到"合成面板"进行播放，可以观察抠图后的效果（如图 2-42 所示）。

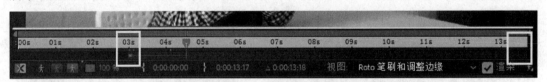

图 2-41 间距延长

图 2-42 抠图效果

（10）在"时间线面板"的空白位置单击鼠标右键,选择"新建"→"纯色"命令（如图 2-43 所示）。在弹出的"纯色设置"对话框中,单击"颜色",输入"FF0000",单击"确定"（如图 2-44 所示）。

图 2-43　纯色　　　　　　　　　　　　　　　　图 2-44　颜色设置

（11）在"时间线面板"的"美食片头"中出现"红色 纯色 1"层（如图 2-45 所示）,拖动"红色 纯色 1"层到"片头美女"层的下方（如图 2-46 所示）。

图 2-45　红色 纯色 1 层

图 2-46　拖动图层

（12）在工具栏中选择"横排文字工具"（如图 2-47 所示）,输入"美食 GIRL"。在"字符面板"中,将字体选择为"方正超粗黑简体"、字体颜色调节为"FFFFFF"、大小调节为

"240"、描边颜色调节为"FC00FF"、描边大小调节为"20",描边样式选择"在描边上填充"将垂直缩放设置为"140%"(如图2-48所示)。此时切换到"合成面板"观察字体的效果(如图2-49所示)。

图2-47 横排文字工具

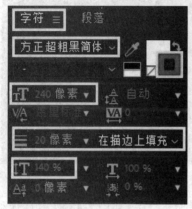

图2-48 字符

图2-49 效果

(13)在工具栏中选择"横排文字工具"(如图2-50所示),输入"FOOD美女"。在"字符面板"中,将字体选择为"方正超粗黑简体"、字体颜色调节为"FFFFFF"、"大小"调节为"240"、描边颜色调节为"FC00FF"、描边大小调节为"20",描边样式选择"在描边上填充",将垂直缩放设置为"140%"(如图2-51所示)。此时切换到"合成面板",观察字体的效果(如图2-52所示)。

图2-50 横排文字工具

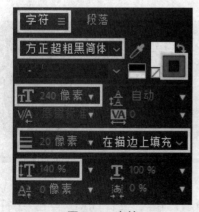

图2-51 字符

图2-52 效果

（14）在"时间线面板"的"美食片头"中出现两个文字层（如图 2-53 所示），选择两个文字层，将其拖至"片头美女"层下方（如图 2-54 所示），此时切换到"合成面板"，观察效果（如图 2-55 所示）。

图 2-53　文字层

图 2-54　移动文字层

图 2-55　效果

（15）将"项目面板"中的"片头美女"拖至"时间线面板"中的最下方（如图 2-56 所示），

同时将两个文字层的显示关闭（如图 2-57 所示）。

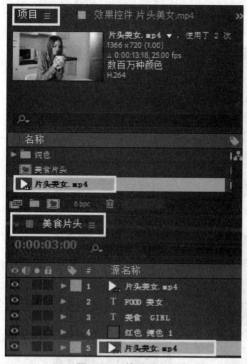

图 2-56　片头美女

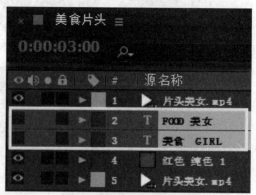

图 2-57　关闭显示

（16）将"时间指针"拖至 3 秒的位置（如图 2-58 所示），将"红色 纯色 1"层的属性打开（如图 2-59 所示），在"位置"后输入"640、-360"（如图 2-60 所示）。

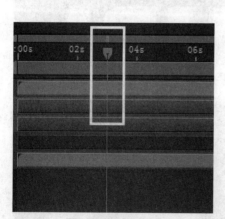

图 2-58　时间指针

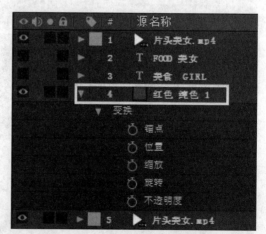

图 2-59　红色 纯色 1 层

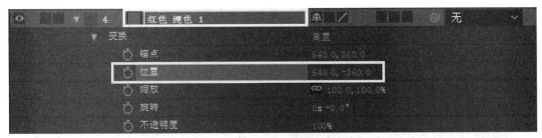

图 2-60　位置

（17）单击"位置"属性前方的"时间变化秒表"（如图 2-61 所示），将"时间指针"拖至"0：00：03：06"位置，在"位置"后输入"640、400"（如图 2-62 所示），将"时间指针"拖至"0：00：03：10"位置，在"位置"后输入"640、330"（如图 2-63 所示）。

图 2-61　时间变化秒表

图 2-62　调节 3 秒 6 帧的位置属性

图 2-63　调节 3 秒 10 帧的位置属性

（18）将"时间指针"拖至"0：00：03：14"位置，在"位置"后输入"640、380"（如图 2-64 所示），将"时间指针"拖至"0：00：03：18"位置，在"位置"后输入"640、340"（如图 2-65 所示），将"时间指针"拖至"0：00：03：22"位置，在"位置"后输入"640、368"（如图 2-66 所示），将"时间指针"拖至"0：00：04：00"位置，在"位置"后输入"640、360"（如图 2-67 所示），播放动画得到一个红色背景落下的效果（如图 2-68 所示）。

图 2-64　调节 3 秒 14 帧的位置属性

图 2-65　调节 3 秒 18 帧的位置属性

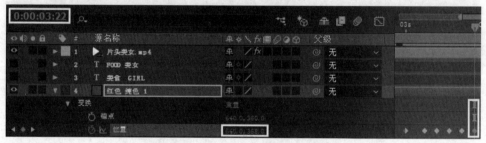

图 2-66　调节 3 秒 22 帧的位置属性

图 2-67　调节 4 秒的位置属性

图 2-68　动画效果

（19）将"时间指针"拖至"0：00：03：20"位置（如图 2-69 所示），在"时间线面板"打开"美食 GIRL"文字层，在"位置"后输入"-1200、304"，单击"时间变化秒表"（如图 2-70 所示）。

图 2-69　时间指针

图 2-70　调节属性

（20）将"时间指针"拖至"0：00：04：04"位置（如图 2-71 所示），在"位置"后输入"1300、304"（如图 2-72 所示）。

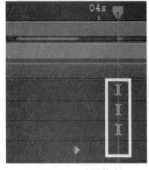

图 2-71　时间指针

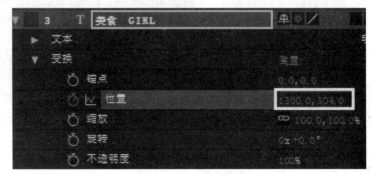

图 2-72　调节属性

（21）将"时间指针"拖至"0：00：04：20"位置（如图 2-73 所示），在"位置"后输入"50、

304"（如图 2-74 所示）。

图 2-73　时间指针

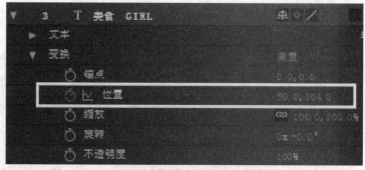

图 2-74　调节属性

（22）将"时间指针"拖至"0：00：03：20"位置（如图 2-75 所示），在"时间线面板"打开"FOOD 美女"文字层，在"位置"后输入"1300、650"，单击"时间变化秒表"（如图 2-76 所示）。

图 2-75　时间指针

图 2-76　调节属性

（23）将"时间指针"拖至"0：00：04：04"位置（如图 2-77 所示），在"位置"后输入"-1200、650"（如图 2-78 所示）。

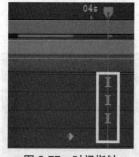

图 2-77　时间指针

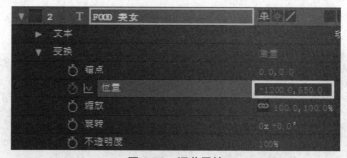

图 2-78　调节属性

（24）将"时间指针"拖至"0：00：04：20"位置（如图 2-79 所示），在"位置"后输入"30、650"（如图 2-80 所示）。

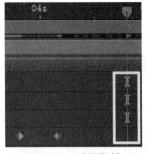

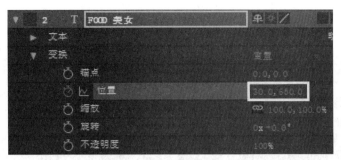

图 2-79　时间指针　　　　　　　　　图 2-80　调节属性

（25）打开"运动模糊"与两个文字层的"运动模糊"（如图 2-81 所示），播放动画观察运动模糊效果（如图 2-82 所示）。

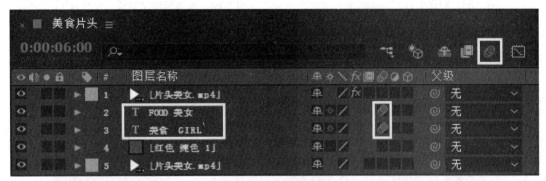

图 2-81　运动模糊

图 2-82　模糊效果

（26）将"时间指针"拖至 6 秒位置（如图 2-83 所示），选择"FOOD 美女""美食 GIRL"

两个文字层(如图 2-84 所示)。

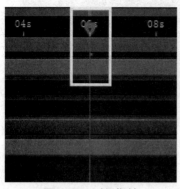

图 2-83　时间指针

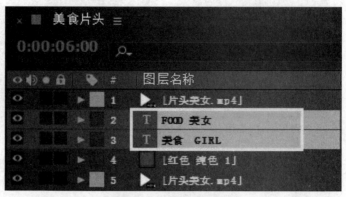

图 2-84　选择两个文字层

(27)单击鼠标右键,在弹出的菜单中选择"效果"→"过时"→"快速模糊(旧版)"(如图 2-85 所示)。在"时间线面板"中打开"FOOD 美女""美食 GIRL"两个文字层,分别单击其"效果"下的"模糊度"的"时间变化秒表"(如图 2-86 所示)。

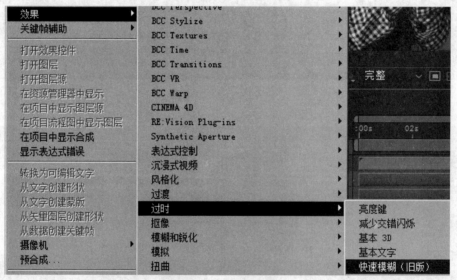

图 2-85　快速模糊(旧版)

(28)将"时间指针"拖至 7 秒位置(如图 2-87 所示),分别在"FOOD 美女""美食 GIRL"两个文字层的"模糊度"后输入"1000"(如图 2-88 所示)。

(29)在"时间线面板"中选择"红色 纯色 1"层,单击鼠标右键在弹出的菜单中选择"效果"→"过渡"→"卡片擦除"(如图 2-89 所示)。在"时间线面板"中打开"红色 纯色 1"层,在其"效果"下打开"卡片擦除",在"过渡完成"后输入"0"同时单击其"时间变化秒表",在"行数"后输入"1"、"列数"后输入"32","翻转轴"选择"Y"(如图 2-90 所示)。

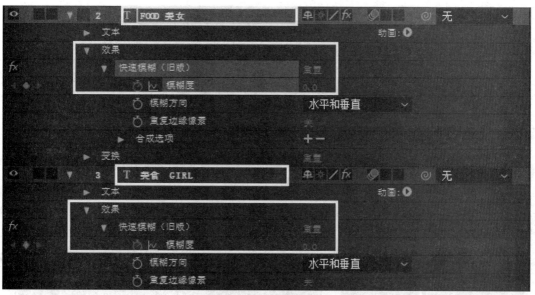

图 2-86　模糊度

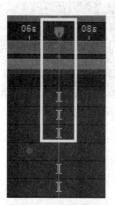

图 2-87　时间指针

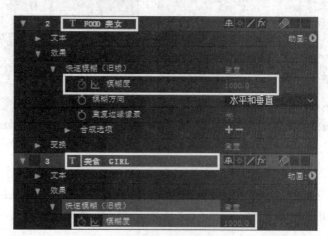

图 2-88　调节属性

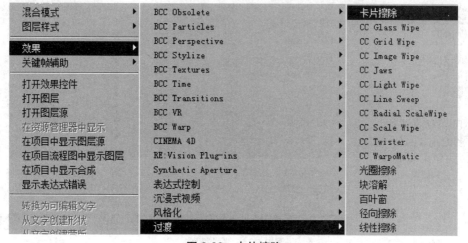

图 2-89　卡片擦除

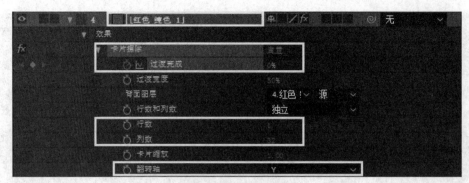

图 2-90　调节属性

（30）将"时间指针"拖至 8 秒位置（如图 2-91 所示），在"过渡完成"后输入"100"（如图 2-92 所示）。

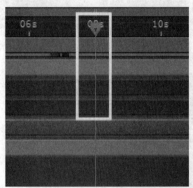

图 2-91　时间指针

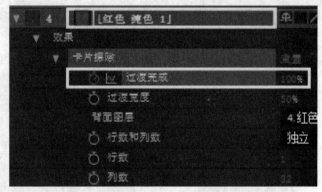

图 2-92　调节数值

（31）选择"红色 纯色 1"层，单击鼠标右键在弹出的菜单中选择"效果"→"过渡"→"线性擦除"（如图 2-93 所示）。打开"红色 纯色 1"层，在"线性擦除"中单击"过渡完成"的"时间变化秒表"，在"擦除角度"后输入"180"、"羽化"后输入"300"（如图 2-94 所示）。

图 2-93　线性擦除

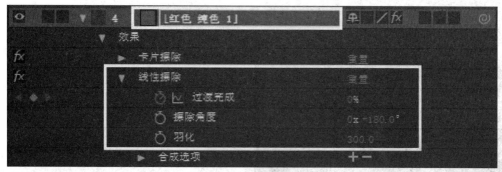

图 2-94　调节属性

（32）将"时间指针"拖动至 9 秒位置（如图 2-95 所示），在"过渡完成"后输入"100"（如图 2-96 所示）。

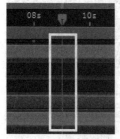

图 2-95　时间指针

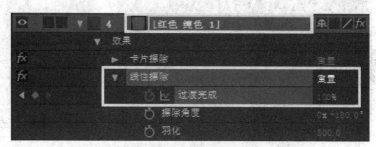

图 2-96　调节属性

（33）单击菜单栏中的"合成"，选择"添加到渲染队列"（如图 2-97 所示）或按快捷键"Ctrl+M"，在"渲染队列"中选择"输出模块""无损"（如图 2-98 所示）。

| 合成(C) | 图层(L) | 效果(T) | 动画(A) | 视图(V) | 窗口 |

新建合成(C)...	Ctrl+N
合成设置(T)...	Ctrl+K
设置海报时间(E)	
将合成裁剪到工作区(W)	Ctrl+Shift+X
裁剪合成到目标区域(I)	
添加到 Adobe Media Encoder 队列...	Ctrl+Alt+M
添加到渲染队列(A)	Ctrl+M

图 2-97　添加到渲染队列

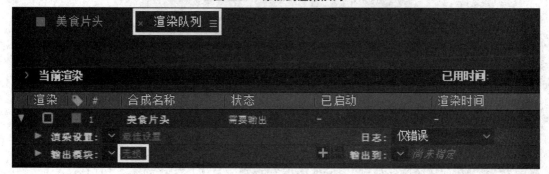

图 2-98　无损

（34）在弹出的"输出模块设置"对话框中,将"格式"中选择为"AVI",单击"确定"（如图 2-99 所示）,单击"输出到"中"尚未确定"（如图 2-100 所示）。

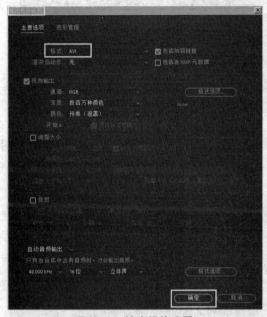

图 2-99　输出模块设置

图 2-100　输出到

（35）在弹出的"将影片输出到"对话框中,选择输出影片的相应路径（如图 2-101 所示）。在"渲染队列"中单击"渲染"（注意需要将工程文件进行保存以备修改）（如图 2-102 所示）。

图 2-101　将影片输出到

（36）将素材"美食片头""1 放面""2 放盐""3 放水""4 拌面""5 放油""6 擀面""7 料与面""7.1 蜂蜜""7.2 芒果""7.3 搅拌机""8 放料""9 烘焙""10 装盘"导入"项目面板"之中（如图 2-103 所示）,将素材"美食片头""1 放面""2 放盐""3 放水""4 拌面""5 放油""6 擀面""7 料与面"按照顺序放到"时间线面板"的"视频轨道 1"中（如图 2-104 所示）。

图 2-102　渲染

图 2-103　导入素材

图 2-104　将素材置于视频轨道上

（37）将"时间指针"拖至"00：00：40：00"位置（如图 2-105 所示），将素材"7.1 蜂蜜"拖至"时间线面板"的"视频轨道 2"中，并与"时间指针"对齐（如图 2-106 所示）。

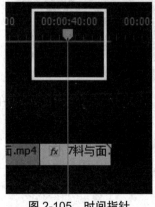

图 2-105　时间指针

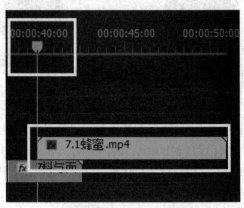

图 2-106　素材"7.1 蜂蜜"

（38）将"时间指针"拖至"00：00：43：00"位置（如图 2-107 所示），将素材"7.2 芒果"拖至"时间线面板"的"视频轨道 3"中，并与"时间指针"对齐（如图 2-108 所示）。

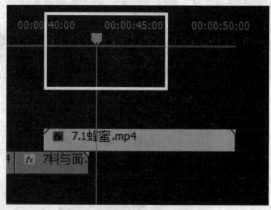

图 2-107　时间指针

图 2-108　素材"7.2 芒果"

（39）在工具栏中选择"剃刀工具"（如图 2-109 所示），对素材"7.1 蜂蜜"按照"时间指针"所在位置进行剪切，保留前方素材，按"Delete"键删除后方素材（如图 2-110 所示）。

图 2-109　剃刀工具

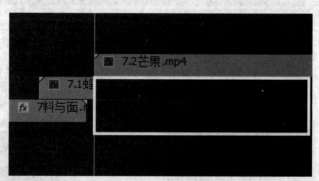

图 2-110　删除后方素材

（40）将鼠标放置在"视频轨道名称"的空白位置（如图 2-111 所示），单击鼠标右键在弹出的菜单中选择"添加单个轨道"（如图 2-112 所示）。

（41）将"时间指针"拖至"00：00：46：00"位置（如图 2-113 所示），在工具栏中选择"剃刀工具"，对素材"7.2 芒果"按照"时间指针"所在位置进行剪切，保留前方素材，按"Delete"键删除后方素材（如图 2-114 所示）。

图 2-112　添加单个轨道

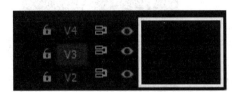

图 2-111　空白位置

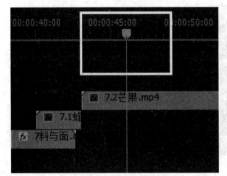

图 2-113　时间指针

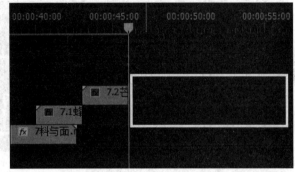

图 2-114　删除后方素材

　　(42)将素材"7.3 搅拌机"拖至"时间线面板"的"视频轨道 4"中,并与"时间指针"对齐(如图 2-115 所示)。在工具栏中选择"剃刀工具",分别在"00:00:57:00"位置与"00:01:00:00"位置进行剪切,保留中间素材,按"Delete"键删除其前后方素材(如图 2-116 所示)。

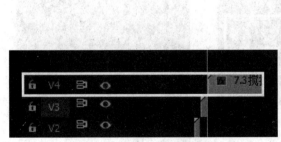

图 2-115　素材"7.3 搅拌机"

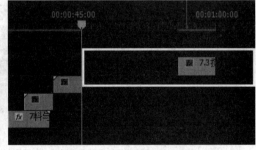

图 2-116　删除前后方素材

　　(43)让素材"7.3 搅拌机"与"时间指针"对齐(如图 2-117 所示),选择素材"7.1 蜂蜜",将"时间指针"拖至"00:00:40:00"位置(如图 2-118 所示)。
　　(44)选择"效果控件面板"中的"视频效果"中的"运动",在"位置"后输入"640、-420",同时单击"切换动画",在"缩放"后输入"111"(如图 2-119 所示),再将"时间指针"拖至"00:00:42:00"位置(如图 2-120 所示)。

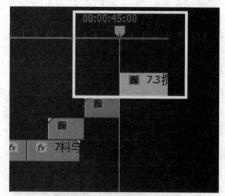

图 2-117　素材与时间线对齐

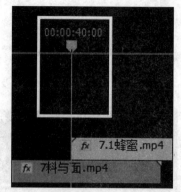

图 2-118　选择素材 7.1 蜂蜜并拖动指针

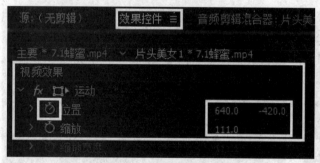

图 2-119　效果控件

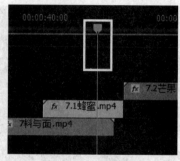

图 2-120　时间指针

（45）选择"效果控件面板"中的"视频效果""运动"，在"位置"后输入后"640、360"（如图 2-121 所示），在"效果面板"中选择"视频过渡"→"擦除"→"随机块"（如图 2-122 所示）。

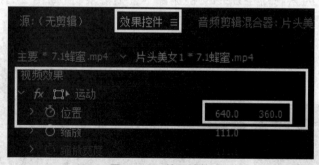

图 2-121　效果控件

图 2-122　随机块

（46）将"随机块"效果拖至"7.1 蜂蜜"中（如图 2-123 所示），单击"随机块"效果，在"效果控件面板"的"持续时间"后输入"00：00：02：00"，勾选"反向"，单击"自定义"，在弹出的"随机块设置"对话框中的"宽、高"后分别输入"128、86"，单击确定（如图 2-124 所示）。

（47）选择素材"7.2 芒果"，按住"Alt"键，将其拖至"视频轨道 2"，复制出一个素材"7.2 芒果"（将其"缩放"设置为"111"）（如图 2-125 所示）。选择素材"7.1 蜂蜜"，单击菜单栏中的"编辑",选择"复制"或按快捷键"Ctrl+C",选择"视频轨道 3"上的素材"7.2 芒果",单击菜单栏中的"编辑",选择"粘贴属性"或按快捷键"Ctrl+Alt+V"(如图 2-126 所示)。

图 2-123　随机块效果

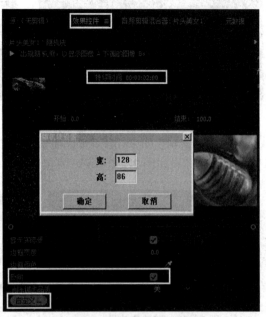

图 2-124　随机块设置

图 2-125　复制素材

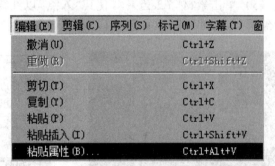

图 2-126　粘贴属性

　　(48)在弹出的"粘贴属性"对话框中勾选"运动",单击"确定"(如图 2-127 所示)。选择素材"7.3 搅拌机",按住"Alt"键,分别将其拖至"视频轨道 2"与"视频轨道 3",复制出两个素材"7.3 搅拌机"(如图 2-128 所示)(将其"缩放"设置为"111")。选择"视频轨道 4"素材"7.3 搅拌机",单击菜单栏中的"编辑",选择"粘贴属性"或按快捷键"Ctrl+Alt+V",在弹出的"粘贴属性"对话框中勾选"运动"。

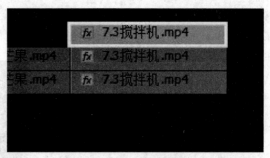

图 2-127　勾选运动　　　　　　　　图 2-128　复制素材

（49）选择素材"7.1 蜂蜜"上的"随机块"效果（如图 2-129 所示），单击菜单栏中的"编辑"，选择"复制"（如图 2-130 所示）或按快捷键"Ctrl+C"。

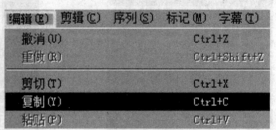

图 2-129　随机块效果　　　　　　　　图 2-130　复制

（50）单击素材"7.2 芒果"，使其"入点"以红线显示（如图 2-131 所示），单击菜单栏中的"编辑"，选择"粘贴"（如图 2-132 所示）或按快捷键"Ctrl+V"。

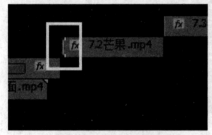

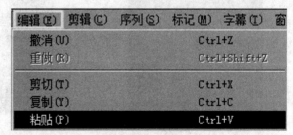

图 2-131　选择素材　　　　　　　　图 2-132　粘贴

（51）单击素材"7.3 搅拌机"，使其"入点"以红线显示（如图 2-133 所示），单击菜单栏中的"编辑"，选择"粘贴"或按快捷键"Ctrl+V"，将"随机块"效果复制到素材"7.3 搅拌机"中（如图 2-134 所示）。

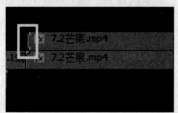

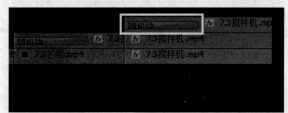

图 2-133　选择素材　　　　　　　　图 2-134　复制随机块效果

（52）选择"视频轨道 2"中的素材"7.2 芒果"（如图 2-135 所示），选择"效果"→"视频效果"→"模糊与锐化"→"高斯模糊"（如图 2-136 所示），将其拖至素材"7.3 搅拌机"上。

（53）在"效果控件面板"中的"视频效果"的"缩放"后输入"150"，"高斯模糊"的"模糊度"后输入"200"（如图 2-137 所示）。选择"视频轨道 2"素材"7.2 芒果"，单击菜单栏中的"编辑"，选择"复制"（如图 2-138 所示）或按快捷键"Ctrl+C"。

（54）选择"视频轨道 2"素材"7.3 搅拌机"（如图 2-139 所示），单击菜单栏中的"编辑"，选择"粘贴属性"或按快捷键"Ctrl+Alt+V"，在弹出的"粘贴属性"对话框中勾选"运动""高斯模糊"，单击"确定"（如图 2-140 所示）。

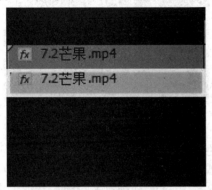

图 2-135　选择素材

图 2-136　高斯模糊

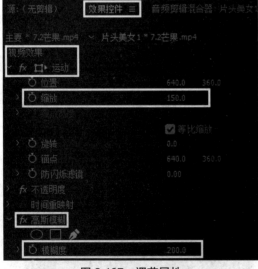

图 2-137　调节属性

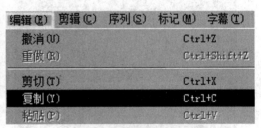

图 2-138　复制

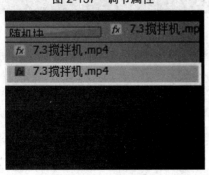

图 2-139　选择素材

图 2-140　粘贴属性

（55）选择"效果"→"视频效果"→"透视"→"基本 3D"，将其拖动至"视频轨道 3"素材"7.3 搅拌机"上（如图 2-141 所示），将"时间指针"拖至"00：00：46：00"位置（如图2-142 所示）。

图 2-141　基本 3D　　　　　　　　　图 2-142　时间指针

（56）在"效果控件面板"中的"视频效果"下的"运动"的"缩放"后输入"111"，在"基本3D"下的"旋转"后输入"0"，同时单击"切换动画"，勾选"显示镜面高光"（如图 2-143 所示）。将"时间指针"拖至"00：00：50：00"位置，在"效果控件面板"中 的"视频效果"下的"基本 3D"的"旋转"后输入"360"（如图 2-144 所示）。

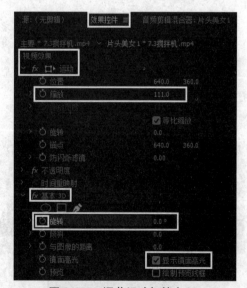
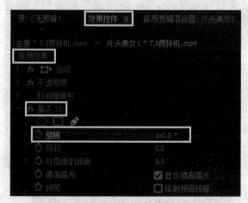

图 2-143　调节运动与基本 3D　　　　　　图 2-144　调节旋转

（57）将素材"8 放料""9 烘焙""10 装盘"导入"时间线面板"之中，素材"8 放料"对齐"时间指针"，素材"9 烘焙""10 装盘"按顺序依次排列（如图 2-145 所示）。在素材"8 放料""9 烘焙""10 装盘"的"缩放"后输入"111"（如图 2-146 所示）。

（58）选择"效果"→"过渡效果"→"溶解"→"渐隐为白色"（如图 2-147 所示），将"渐隐为白色"拖至"时间线面板"中的素材"美食片头"与"1 放面"之间（如图 2-148 所示）。

（59）选择"效果"→"过渡效果"→"溶解"→"交叉溶解"（如图 2-149 所示），将"交叉溶解"拖至"时间线面板"中的素材"1 放面""2 放盐""3 放水""4 拌面""5 放油""6 擀面""7 料与面""8 放料""9 烘焙""10 装盘"之间（如图 2-150 所示）。

　　（60）选择"效果"→"过渡效果"→"溶解"→"渐隐为黑色"（如图 2-151 所示），将"渐隐为黑色"拖至"时间线面板"中的素材"10 装盘"的出点（如图 2-152 所示）。

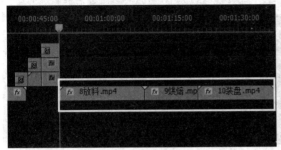

图 2-145　导入素材

图 2-146　缩放

图 2-147　渐隐为白色

图 2-148　添加渐隐为白色

图 2-149　交叉溶解

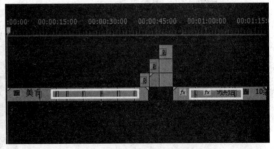

图 2-150　添加交叉溶解

图 2-151　渐隐为黑色

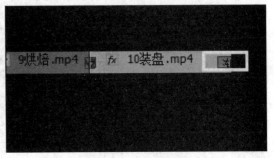

图 2-152　时间线面板

（61）在"效果控件面板"中的"渐隐为黑色"的"持续时间"后输入"00：00：01：00"（如图 2-153 所示）。将"时间指针"拖至"00：00：50：00"位置，在"效果控件面板"中的"视频效果"下的"基本 3D"的"旋转"后输入"360"，将素材"音乐 1"与"音乐 2"导入"项目面板"，拖至"时间线面板"的"音频轨道 1"（如图 2-154 所示）。

图 2-153　调节渐隐为黑色

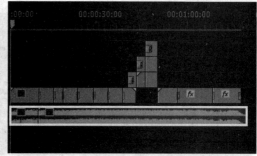

图 2-154　音频素材

（62）选择"效果"→"音频过渡"→"交叉淡化"→"指数淡化"效果（如图 2-155 所示），将"指数淡化"拖至"时间线面板"的素材"音乐 1"与"音乐 2 之间（图 2-156 所示）。

图 2-155　指数淡化

图 2-156　时间线面板

（63）在"效果控件面板"中的"指数淡化"的"持续时间"后输入"00：00：03：00"，"对齐"选择"中心切入"（如图 2-157 所示），单击菜单栏中的"文件"，选择"导出"→"媒体"命令（如图 2-158 所示）。

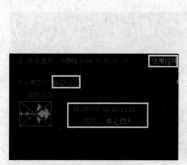

图 2-157　效果控件

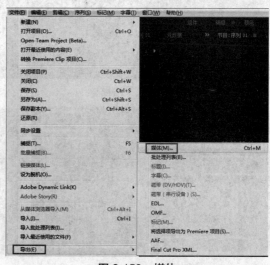

图 2-158　媒体

（64）在"导出设置"对话框中，将"格式"选择为"H.264"，在"输出名称"后输入"美食制作"（以及选择储存路径），勾选"导出视频"和"导出音频"（如图 2-159 所示），播放导出的视频，观察最终效果（如图 2-160 所示）。

图 2-159　导出设置

图 2-160　最终效果

课后练习

1. 选择题

（1）短视频的（　　　）决定着短视频的制作与后期运营。（单选题）

A. 内容策划　　　　　B. 内容拍摄　　　　　C. 内容编辑　　　　　D. 内容推广

（2）（　　　）的概念起源于舞台戏剧。（单选题）

A. 一幕剧　　　　　B. 二幕剧　　　　　C. 三幕剧　　　　　D. 四幕剧

（3）（　　　）是最常见的测光模式。（多选题）

A. 矩阵测光　　　　　B. 中央重点测光　　　　　C. 点测光　　　　　D. 面积测光

（4）（　　　）数字越大，对光越敏感，画面越亮，而画质也会相应降低；反之，数字越小，对光越不敏感，画面越不亮，而画质也会相应提升。（单选题）

A. 对焦　　　　　B. 感光度　　　　　C. 光圈　　　　　D. 快门

（5）（　　　）是用来控制光线照射感光元件时间的装置，速度单位以"秒"计算。（单选题）

A. 慢动作　　　　　B. 延迟拍摄　　　　　C. 光圈　　　　　D. 快门

2. 简答题

（1）简述创建出"品牌"短视频需要具备的要素。

（2）简述"分辨率"与"帧率"的概念。

3. 操作题

请制作一个关于美食的短视频作品，画面要求色泽鲜艳，构图精致，配合轻快的背景音乐，最终目标是能够勾起观众的食欲。视频时长不超过 1 分钟，素材应用不少于 12 条，各个素材之间的光影、色彩协调，以轻松的节奏展示美食，使人垂涎三尺、欲罢不能。

第3章 短视频的创意与镜头

思政育人

通过本课程的学习,要求创作者能够对所学专业知识与技能融会贯通,从主题构思出发,依据剧本写作规范、人物、场景等设计原则,遵循视听语言规律,建立一部动画作品完整设计思路,并针对创作中遇到的问题进行课后学习,逐渐养成良好的学习习惯。在创意创作中,进一步强化中华民族传统文化的继承与创新,引导学生对于终身学习、人生哲理、社会主义核心价值观等命题进行思考,鼓励学生在日后的创作中将正向的价值观融入到作品中去。

知识重点

- 了解短视频的创意原则及题材甄选。
- 掌握镜头的运用方法。
- 掌握记录类短视频的制作流程。

3.1 短视频的创意

制作短视频需要大家多观察生活中的细节,创意来源于生活,又高于生活。视频想要做出好的短视频作品,就需要把优秀的创意与视频的定位结合起来,深度挖掘符合视频定位的创意。其实,可以对日常生活中的一些事件进行重新整理,在其中找出创意灵感,再进行提炼与创作从而拍摄出具有一定情节的有趣味、有诚意、有感染力和冲击力的视频。一个优秀的创意所带来的影响十分深远,最终会促成点赞量和传播量的提升。

图 3-1 拍摄创意

3.1.1　短视频的创意方式与原则

创意要遵循一定方式和原则,并非胡乱地发散性思考。常见的创意方式有以下几种。第一,反转类创意,将正能量与情节反转巧妙地结合起来,为短视频构造一个"情理之中、意料之外"的结局,这种创意方式多用于具有故事情节的短视频中。第二,热点类创意,借鉴社会中一定时期的热点话题与事件,制作相关短视频,吸引观看者的注意力。如果能在此基础上进行二次创意,进一步激发观看者的好奇心,短视频创作者也参与进来,加入一些适当的表演,充实视频内容,则能吸引更多的粉丝关注和点赞。第三,差异化内容创意。现在很多视频的内容同质化严重,导致观看者审美疲劳。只有创作差异化的内容,才能够脱颖而出。此外,了解粉丝所喜欢的内容,对丰富创意思路会有很大帮助。

短视频创意有两个基本原则:第一,要务实。创意实际上就是一种想法,而想法和现实之间是存在差距的,所以想法与现实之间有时是存在偏差的,无论是什么类型的短视频,其创意的根本是务实,任何创意都要基于真实,切勿夸夸其谈,无中生有。创意的目的是让短视频更精彩,而不是为了花哨,所以短视频创意要务实,这样才能真正体现创意的价值。第二,要有底线。一个短视频账号想要长期健康发展,在创意的时候就要有底线,有些内容不能碰,例如:"色情低俗"的内容,这类内容短时间内也许会产生一定的流量,但是会损害短视频账号的口碑,一旦被平台查出就会被永久封号;与"政治事件"相关的内容,这类内容一直都是敏感话题,相关的不当解读、错误言论会带来十分严重的后果,所以制作涉及"政治事件"的短视频一定要三思而后行;"造谣传谣"的短视频,这类内容离不开蹭热点但违法违规,问题的严重性可想而知;涉及"假冒伪劣"产品的短视频,这类内容对账号口碑有着致命的打击,严重的会被平台进行封号惩罚,直播带货的博主一定要把好"质量关"。随着社会的发展,诸如此类的不当内容可能会有所增加,所以创作者一定要规范操作,不要由于一个"创意"失误,将辛苦积累的粉丝量全部损失殆尽,得不偿失。

3.1.2　短视频创意题材的甄选

短视频制作离不开创意,优秀的创意又离不开正确的题材甄选。如今短视频行业已逐渐进入平稳发展期,对视频内容的价值更加关注。随着竞争愈加激烈,短视频平台对创作者的要求也越来越严格,这样既优化了平台,也让用户得到更多有价值的内容。

图 3-2　提升视频质量

短视频题材最重要是要有助于提升"流量"和"质量"。"流量"决定短视频的经济价值,"质量"决定短视频的生命长度。"流量"与"质量"相辅相成。"高流量、高质量"的短视频,能获得巨大的经济效益与大家的关注;"低流量、高质量"的短视频,就是自娱自乐的短视频,没有"流量"带来的经济效益,短视频很难获得长远发展;"高流量、低质量"的短视频,是典型的哗众取宠型短视频,随着时间的推移,这类短视频无疑会退出大家的视线;"低流量、低质量"的短视频,在起步阶段,可能会有一定的展示空间,但是短视频发展至今,这类作品已经没有任何价值可言了。所以,在短视频的题材甄选过程中,创作者要明确"流量"与"质量"两个目标。

图 3-3　短视频的拍摄题材

短视频题材的类型有以下几种:第一,搞笑类,这是大家最喜闻乐见的一种类型,就是针对时下的热点话题或当今普遍存在的社会矛盾进行深入解读,以一种搞笑的方式结尾,往往能引起共鸣或者普遍认同;第二,美食类,中国的美食世界驰名,有关美食的话题经久不衰,美食类短视频若能制作得赏心悦目、通俗易懂,就可以收获大量粉丝;第三,科普类,即对天文、地理、军事、建筑、艺术、生活常识等内容进行讲解,创作者如能用通俗易懂的语言将复杂的内容讲解明白,观看者会十分认可这种类型的作品;第四,技能技巧类,讲解一些与生活息息相关的小妙招,或对摄像摄影、软件使用等专业知识进行分享,此类短视频十分受大家欢迎;第五,文艺类,这类视频主要受到文艺青年的关注,这类短视频内容虽小众,但是关注的人并不少,所以也能够进入选题范畴。

短视频的制作是一个长期持续的过程,建立一个短视频题材库就显得格外重要。题材库建立完成后,可以持续、稳定地进行内容输出。题材库可分为以下几种类型:第一,爆款题材库,其关注各大热搜榜单,比如百度、微博、今日头条等平台的各类热度榜单,积累热点话题内容,以便创作者选择适当的角度进行内容创意,内容的热度越高,越容易引起用户的关注;第二,常规题材库,对身边的人、事、物及每天接收到的外部信息进行积累,筛选整理出有价值的信息,以便随时在短视频制作中使用;第三,活动题材库,例如提前布局中秋、国庆、春节等大众关心的节日话题,此外关注各短视频官方平台不定期推出的一系列话题活动,根据自身的情况参与平台话题活动,也可以得到一定的流量扶持和现金奖励。

短视频创作者可以通过优化标题、提高内容质量、扩大用户范围等几种方式全面提高短视频题材的质量。优化标题对吸引观看者十分重要,如果无法确定一个与短视频内容相符合的优质标题,可以去其他的平台或短视频中寻找一些灵感。提高内容质量最便捷的方法就是"集思广益",一个受大家关注的短视频,肯定有能引起观看者共鸣的内容,所以要广泛听取用户的意见,不断优化短视频内容。扩大用户范围就需要坚持选题内容以用户为导向,以满足观看者需求为前提,提供优质的内容。

3.1.3　剧情类短视频的创意

短视频剧本创作所需的技巧和长片剧本创作是一样的,只是剧本长短不同。如今随着互联网的快速崛起,很多普通人对制作短视频产生兴趣,纷纷制作短片并把它们上传网络,具有情节性、故事性的短视频越来越受到人们的喜爱,能够在第一时间吸引大量的观看者关注。剧情类短视频蜂拥而来,但是质量参差不齐,良莠不一。剧情类短视频想要脱颖而出,就需要回归剧本创作,对故事情节精雕细琢,将传统的创作手法与新兴的创意方式相结合,以碰撞出雅俗共赏、独特、新颖的故事剧本。

剧情类短视频的剧本创作需要注意以下几个原则。

第一,言简意赅。剧本要有精准的目标、逻辑和叙述,剧情要有一条主线。剧情类短视频的长度以 2~3 分钟为最佳。时间过短,很难将故事情节介绍清楚;时间过长,观看者会觉得拖沓,很难有耐心完整观看。

第二,方便拍摄。在短视频剧本创作时可以天马行空,但是剧本创作完成后还要进行拍摄,一般短视频的制作如果没有雄厚的资本做支撑,很多场景难以实现,所以还是尽量力所能及地进行剧本创作。

第三,视觉语言,泛指“镜头”。镜头中所展现的内容是最终呈现给观看者的内容,所以在剧本创作时,要通过设计视觉语言,将角色的性格、职业、社会地位等表现出来,这样可以快速提升短视频的制作水平。

第四,好奇尚异。对于一个短视频来说,激发观看者的好奇心十分重要。好奇心来源于某种“认知差距”,当一个人意识到自己的“认知差距”时,就会产生对信息的饥渴感,所以在剧本创作时要做好铺垫,让观看者产生“认知差距”,激起其好奇心,同时要谨防剧本创作陷入故事的概念化、套路化。

第五,引起共鸣。共鸣可能来自相似的经历、背景、目标,还可能来自相似的感受(如痛苦、喜悦、愤怒、难过等)、相似的价值观或信仰。每个人都生活在自己的故事里,想要引起共鸣,需要感情上有交集,只有讲出让观看者感同身受的故事,才能深入人心。

剧情类短视频的剧本将以人物为中心的事件演变过程中的一系列事件和情节按照因果逻辑组织起来,通过叙述的方式讲述一个带有寓意的事件或陈述一件往事。剧情类短视频的剧本主要有六个基本构成要素,即时间、地点、人物、起因、经过和结果,这也是构成故事的六要素。

第一,时间。通常在剧情类短视频中,时间信息不需要太过明确,只要让观众有一个大致概念即可。但是创作者在剧情创作过程中需要清楚故事发生的时间线,以便在系列短视频创作中清楚时间逻辑。

第二,地点。对于烘托短视频的故事氛围来说,地点的选择非常重要,其要与故事的发展、人物的形象或者情感相适配,从而起到推动故事情节发展的作用。

第三,人物。这个要素是构成剧情类短视频的核心要素,剧情的发展都是围绕人物展开的,因此需要下功夫刻画人物形象、心理、情感,以便观看者产生代入感、认同感,提高短视频的辨识度。

第四，起因。在短视频的剧本创作中，故事情节的发展、人物的行为都需要有一定理由的支撑，创作者要不断加强短视频的故事冲突与逻辑性。

第五，经过。这个要素是剧情类短视频的主要看点，由于短视频的时间限制，创作者要在短时间内讲清楚故事的发展经过，就需要精简情节，去掉一些可有可无的内容，只留下最精彩的部分。

第六，结果。优秀的剧本要给观众留下非常深刻的印象。创作者需要注意结果与故事情节的逻辑关系。剧情类短视频的结果可以由前面剧情自然发展形成，也可以有一个很大的反转，但必须要有前面故事情节的铺垫。

图 3-4　剧情类短视频六要素

短视频剧本有以下几种模式：竖屏剧、短视频综艺、短视频纪录片、Vlog（微录）、微剧、短视频广告等。

第一，竖屏剧，是一种新兴的短视频模式。2017 年起源于国外，优兔最先尝试竖屏剧并获得观众青睐。剧集简短，多为 2~3 分钟，采用竖屏播放，播放界面上有点赞和评论按钮，通过上下滑动切换剧集。相较于横屏剧，竖屏剧投入成本低，互动性强，更擅长展示碎片化、生活化的内容。

第二，短视频综艺，由相对传统的综艺节目演变而来。一方面，传统的综艺节目被精简成短视频的形式，观看者可以利用碎片化时间观看；另一方面，各大短视频平台也在制作各自的综艺节目，打造各自的综艺品牌。从抢夺流量明星入驻平台，到赞助综艺节目、为各大综艺节目提供营销服务，再到自制综艺节目，短视频平台为了进一步实现引流、破圈的目标，纷纷在自制综艺内容上进行更多的探索。

第三，Vlog，其中文名是微录，是博客的一种，全称是 Video Log，意思是视频博客、视频网络日志，强调时效性。Vlog 作者以影像代替文字或照片，写个人网志并上传，与网友分享。优兔平台对 Vlog 的定义是创作者为记录日常生活而拍摄的视频。Vlog 中没有剧情的跌宕曲折，而是贵在真实，将日常生活原原本本地记录下来，将琐碎生活中有趣的、有看点的部分拼接成一个完整的故事，上传到平台与大家分享。

第四，微剧，越来越多的平台开始利用网络播出剧集，同时也开始制作各种微剧。微剧时长一般 10 分钟左右，故事简单但情节紧凑，适合用户在移动端利用碎片时间观看。

第五，短视频纪录片，它是将纪录片与短视频重新组合，对纪录片内容进行压缩、精简，突出精华部分和主要内容，将纪录片这种严谨、科学、写实的题材，在网络上以短小精悍的短视频形态进行传播而使其进入"寻常百姓家"的形式。

第六,短视频广告,与传统广告的本质是相同的,但是形式不同。它会巧妙地将音乐、剧情与广告相结合。短视频广告与传统广告相比有更多功能,可以在界面中附上相关的链接,方便观看者购买商品。

3.2　镜头语言的运用

镜头语言就是用镜头去表明思想,通常由摄影机所拍摄出来的画面来展现拍摄者的意图,观看者可从拍摄的主题及画面的变化,去感受拍摄者通过镜头所要表达的内容。在影片中,摄影师交替地使用各种不同的、复杂多变的镜头,使影片的人物叙述、思想感情、人物关系的处理更具有表现力,从而增强影片的艺术感染力。

3.2.1　景别

景别就是由摄影机与被摄对象距离的不同造成的被摄对象在摄影机中所呈现出的范围大小的区别。景别取决于摄影机与被摄对象之间的距离和所用镜头焦距的长短两个因素。景别的确定是摄影者创作构思的重要组成部分。景别运用是否恰当,在于摄影者的主题思想是否明确,思路是否清晰,以及对景物各部分的表现力的理解是否深刻。不同景别的画面在人的生理和心理上都会产生不同的感受。

画面的景别是根据被摄对象占据的画面的大小、多少进行划分的,通常分为 5 种,分别为特写、近景、中景、全景、远景,之后又细分出大特写、中近景、大远景 3 种,一般将大特写、特写、近景、中近景、中景称作小景别,大远景、远景、全景称作大景别。景别越小,镜头越接近被摄对象,环境因素越少,场景越窄;景别越大,越远离被摄对象,环境因素越多,场景越宽。在短视频制作中,景别的大小与观看者情感、心理产生的变化有着紧密联系,大景别可以使观看者产生空间上的距离感,有一种置身事外的远离感与旁观感,对观看者生理与心理的冲击较小;小景别可以缩小观看者空间上的距离感,使观看者产生一种参与感与认同感,对观看者生理与心理有较强烈的冲击力。

图 3-5　景别种类示意图

（1）大远景，具有广阔的视野，能展出现环境的广度，用于表明空间上的关系。在大远景中，通常被摄主体与画面高度比约为 1∶4，这种镜头多是从高角度拍摄的画面，用来作为片头定场镜头或片尾结束镜头。大远景中被摄对象处于画面空间的远处，与镜头中包含的其他环境因素相比极其渺小，甚至被摄对象在大远景中被当作点缀或被淹没。正所谓"远取其势"，大远景重在渲染气氛，抒发情感，展现规模的庞大。如大海、沙漠、人群等背景画面，以景表意，衬托被摄对象的渺小，产生视觉冲击感。

图 3-6　大远景

（2）远景，用来交待环境与被摄对象的关系。远景画面通过环境来表现某种氛围或情绪，让被摄对象融入环境，节奏上也比较舒缓；通常被摄对象在画面中的大小不超过画幅高度的一半，其并不像大远景那样强调画面的独立性，而是强调环境与被摄对象之间的相关性、共存性以及被摄对象存在于环境中的合理性。

图 3-7　远景

（3）全景，用整个画面表现被摄对象的全貌，同时也能交代清楚周围的环境。被摄对象的上方、下方都要留有空白，通常上方的空白要多于下方空白。相比远景，全景有明显的内容中心，特别注重一定范围内的被摄对象的视觉轮廓形状。所以，全景可以通过特定环境或特定场景展现出特定的被摄对象，如果这个被摄对象是人物，则可展示出人物的内心情感与心理状态。

图 3-8　全景

（4）中景，用于表现被摄对象偏上（三分之二）部分，对于人物，其取景范围就是膝盖以上部分。与全景相比，中景的视距较适中，被摄对象与空间环境不再是表现重点，换之更注重具体的动作或情节。被摄对象的外部轮廓也不是主要的表现内容，取而代之的是对被摄对象内部结构、细节。中景是叙事性景别，在有情节的画面，特别是短视频画面中，既能展现人物的肢体动作和情绪变化，又能与环境、氛围统一，表现人物精神状态、身份地位等隐藏细节，同时也满足了观看者的视觉与心理需求。

图 3-9　中景

（5）中近景,用于表现被摄对象二分之一的部分,对于人物取景范围就是腰部以上的部分,因此它亦被称为"半身镜头"。在短视频制作时,中近景特别适合展现人物上半身活动,可以拉近观看者与人物之间的距离,增强现场感、亲切感、互动感。

图 3-10　中近景

（6）近景,是将被摄对象推到观看者面前的一种景别。被摄对象会占据一半以上的画面,对于人物,其取景范围就是胸以上的部分。与中景相比,在近景画面中,环境被淡化、空间更小,内容更单一,依靠被摄对象吸引观看者的注意力。如果被摄对象是人物,则画面通过细微的表情、动作,刻画人物的心理活动和复杂性格。在短视频制作中,近景常被用来表现细节变化,如人物的面部神态和情绪,以此保证人物的真实生动。在实际运用中,可将背景虚化,避免分散观看者的注意力,有利于更好地突出被摄对象。

图 3-11　近景

（7）特写，无论是人物或其他被摄对象，用特写来表现都能给观看者以深刻的印象，可以起到放大形象、突出细节的作用。正所谓"近取其神"，在特写景别中，被摄对象基本充满整个画面。特写画面能够将被摄对象从周围环境中独立出来，表现出更多的局部细节，吸引观看者的注意力。对于人物，其取景范围就是肩部以上的部分，与近景相比更加接近观看者。特写镜头有利于刻画人物，它具有生活中不常见的特殊的视角，用来描绘人物的内心活动。在短视频制作中，人物的表情、眼神等细节变化，在表现剧情时有无限可能性，能使观看者对被摄对象的认识进一步深化，透过事物现象揭示本质。特写将被摄对象与周围环境的关系进行了分割，所以常用在转场时，由特写画面开始或结束，画面整体不会产生跳跃感。

图 3-12　特写

（8）大特写，又称"细节特写"，使用整个画面表现被摄对象的局部或是人物的局部，取景范围比特写更小，视觉冲击力与感染力也比特写更强，有着明显的强调作用和突出作用，是一种独特的镜头语言，这种表现手段具有极其鲜明、强烈的视觉效果。在短视频制作中，可用于突出显示人物的动作，如皱眉、滴汗、流泪、咀嚼、出拳等。

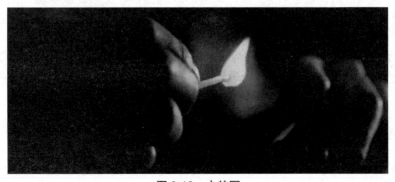

图 3-13　大特写

3.2.2　景别的组合运用

对不同景别的镜头进行使用时,由于组合的不同,会出现不同的叙事风格和审美效果。在连接景别镜头时,利用景别变化能实现视觉美感的调节,不同的组合方式会带来不同的视觉感受。景别的选择没有严格规定,最重要的是做到叙事清晰、视觉流畅、烘托得当。

在对一件事情的叙述中,不同景别镜头的组合可以实现对事情的清晰、有层次的叙述。不同景别画面的表现力和画面重点不同,经过整理组合,可以满足观看者的心理逻辑需要。如夕阳西下在海边散步的父子,在全景中能够看到环境和人物轮廓;在中景中能够看到人物的年龄、服装以及儿子搀扶父亲等;在近景中能够看到两人的情绪、表情。从全景到近景,从环境到人物关系、细节,清晰渐进地呈现了父子情深,观看者也得到了全面的、感性的认识。就像一个人到一个陌生的环境,总是习惯性地进行扫视,然后再逐渐将注意力集中在一个感兴趣的位置上,熟悉环境后又会放松地环顾四周环境。在实际的景别运用中,就是利用观看者的心理逻辑来选择景别镜头的内容。若是烘托气氛、制造悬念,则开始只会展示事情局部,逐渐显示全局,这里要注意的是,景别镜头的变化要明显、目的要明确,这样视觉效果才会平稳流畅,使观看者多角度、多层次地了解事情变化状况,这也是一种常见的叙述方式。

在角度或主体相同的情况下,前后景别镜头的变化过小或过大,都会使观看者的视觉产生强烈跳动感。常见的情况就是在一些访谈视频中,被采访人的讲话有所删减,画面就会明显出现跳动、卡顿,主要原因就是镜头被删减导致的前后镜头不连贯,此时若无新的景别,视觉、听觉上的跳动感则非常强烈。如要弱化这种跳动感,通常是插入新的景别镜头(所以在拍摄访谈视频时,应该尽可能地在采访内容的基础上,多拍摄一些不同角度、不同景别的镜头,方便后期进行剪辑使用)。还有一种相反的情况是景别变化过大,如由远景直接变化到特写,也会引起视觉的强烈跳动感。所以在角度或主体相同的情况下,要本着渐变的原则对不同景别画面进行组合。

当然,景别的运用十分灵活,不能一概而论。思想内容的表现和艺术审美的创造更要注重,需要呈现特殊的艺术和思想时,可以使用非常规景别变化方式。此时景别的运用不是有层次地对事件进行叙述,而是要突出视觉效果,通过景别的变化制造视觉冲击力。类似景别镜头的组合能创造一种累积效应,同样内容的重复能激发人们的思考,如战士们不断地冲锋、倒下,战士们前仆后继、不畏生死的镜头被连续组合在一起,以相同的景别表现,有利于保证视觉的连贯和主题的强化。两个极端景别的组合连接,如大远景与大特写的组合连接,可以形成强烈的对比反差,容易在视觉上形成震撼感。变换速度较缓慢的镜头,比较适合表现庄重、肃穆的气氛;变换速度较快捷的镜头,比较适合表现激烈、动荡或活泼的情绪气氛,所以合理运用两个极端景别可以强化、渲染画面的表现力。

总之,在选择镜头时,景别是重要的考虑依据。不同的景别由于其内容重点的不同,长度也相应不同。无论景别组合会产生多少种效果,在实际使用时最重要的两点原则就是对思想内容与意义的体现和对视觉效果的体现。

3.2.3　运动镜头的拍摄

短视频的制作离不开镜头的运用,镜头是短视频中最小的单位。每一个短视频其实都是由若干个镜头组合而成的。在实际拍摄中,有一种运动摄像是通过移动摄像机位置、改变镜头的光轴或变化镜头焦距进行的拍摄。这种镜头被称为运动镜头,目的在于增强画面动感、扩大镜头视野、改变视频的速度与节奏,赋予作品独特的寓意。在短视频拍摄中,主要分两种拍摄方式:一种是将拍摄设备放在各种可移动的物体上进行拍摄;另一种是摄像者手持摄像机进行拍摄。这两种拍摄形式都力求画面平稳、保持画面的水平。而运动镜头分为推镜头、拉镜头、摇镜头、移镜头、跟镜头、升降镜头等。

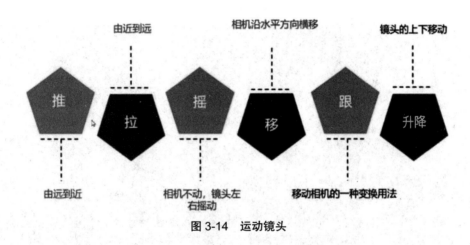

图 3-14　运动镜头

（1）推镜头,是将拍摄设备向着被摄对象的位置推进,或改变镜头焦距使画面由远及近,向被摄对象不断靠近的拍摄方法。

推镜头具有视觉前移的效果,有明确的主体目标。镜头向被摄对象位置靠近,镜头表现的视点前移,形成了一种较大景别向较小景别逐步递进的过程,具有大景别转换成小景别的特点。移动拍摄设备的推镜头,随着拍摄设备的不断向前运动,观看者有视点前移身临其境的感觉,透视感增强。而改变焦距推镜头很难使观众产生身临其境的感觉,由于视角收缩有拉近主体的感觉,透视感减弱,压缩纵向空间。

推镜头的表现力在于:①突出主体人物,突出重点形象,取景范围由大到小,随着次要部分不断移出画面,所要表现的主体部分逐渐"放大"并充满画面,因而有突出主体人物、突出重点形象的作用;②突出细节,在一个镜头中从特定环境中突出重要情节,使镜头更具说服力;③在镜头中介绍整体与局部、客观环境与主体人物的关系,镜头中景别不断发生变化,有连续前进式作用,推镜头表现的是整体中的局部,强调全局中的一个局部,有强调特定环境、特定人物的作用;④推进速度的快慢可以影响和调整画面节奏,从而产生外化的情绪力量,对事物的表现有步步深入的效果和作用;⑤可以通过突出一个重要的戏剧元素来表达特定的主题和含义,推镜头可以增强或减弱运动主体的动感,还可以将画面从场景引申到具体的人物,或从人物引申到其细小的表情动作,通过画面语言的独特造型形式,刻画引发情节和事件、烘托情绪和气氛的重要元素,从而形成特有的镜头语言;⑥可以加快或减缓运动着的被摄对象的运动速度,当面向运动着的被摄对象采用推镜头,其画面效果是明显使其运动速度快了许多,反之,当对背向的被摄对象的远去采用推镜头,其画面效果是明显减缓了被摄对象远离的运动速度。

推镜头在拍摄时的注意事项:①推镜头景别由大到小,对观众的视觉空间既是一种限制,也是一种引导,因而推镜头应该通过画面的运动给观看者某种启迪、表现某种意义,或形成与情节对应的节奏;②在推镜头的起幅、推进、落幅三个部分中,落幅画面是造型表现上的重点;③应始终注意保持被摄对象在画面中心的位置、推进速度与画面内的情绪和节奏相一致,画面焦点要随着拍摄设备与被摄对象之间距离的变化而变化。通常情况下,表现画面情绪紧张或被摄对象运动速度快时,推进速度应快一些;表现画面情绪平静或被摄对象运动速度慢时,推进速度应慢一些。推境头应力求达到画面外部的运动与画面内部的运动相对应,实现一种完美的结合。

图 3-15　推镜头

（2）拉镜头,是拍摄设备面对被摄对象逐渐后退远离,或改变镜头焦距使画面由近及远,与被摄对象拉开距离的拍摄方法。

拉镜头与推镜头正好相反,画面从一个局部逐渐扩展,逐渐远离要表现的主体对象,使人感觉正一步一步远离被摄对象,使观看者视觉后移,可以看到局部和整体之间的联系。拉镜头可以表现被摄对象从近到远的变化,也可以表现被摄对象到另一个被摄对象的变化,这种镜头的应用重在把握全局,突出被摄对象与整体环境的关系。

拉镜头的表现力在于:①表现点与面、主体与环境、局部与整体的关系,并且强调主体所处的环境;②拉镜头在表现点、面关系时有两层意思,一是表现此点在此面,二是此点与此面构成的关系,类似有某人在某处的意味;③拉镜头可以通过纵向空间和纵向方位上的画面形象形成对比、反衬或比喻等效果;④拉镜头内部节奏由紧到松,与推镜头相比,较能产生感情上的余味和许多微妙的感情色彩;⑤拉镜头的起幅画面往往能鲜明突出主体形象,随着镜头的拉开越来越开阔,相应地表现出一种"豁然开朗"的感情色彩,从视觉上来说有一种远离感、退出感、结束感,所以常被用来拍摄结束性和结论性的镜头,多在段落结尾总结的使用;⑥从大特写到大远景,拉镜头也能用于拍摄转场镜头,使得场景的转换连贯而不跳跃,流畅而不突兀。

拉镜头在拍摄时的注意事项:①除镜头运动的方向与推镜头相反外,在使用上与推镜头大致相同,有着基本相同的使用规律,注意要保持被摄对象在画面的中心位置;②对画面拉开后视觉范围的控制及速度、节奏的控制等。

图 3-16　拉镜头

（3）摇镜头，是指拍摄设备保持不动，借助于三角架上的水平移动、垂直移动或拍摄者转动身体，变化拍摄设备镜头角度的拍摄方法。其画面效果类似于人们转动头部或视线由一点移向另一点的视觉效果。

摇镜头多用于表现两个物体之间的内在联系，如果将两个物体分别安排在摇镜头的起幅和落幅中，通过镜头摇动将这两点连接起来，这两个物体的关系就会被表现出来。如拍摄辽阔的场景以及大海、沙漠、草原等景色时，摇镜头就会发挥其独特的表现力，还有在拍摄类似运动员入场式的镜头，就可以利用摇镜头表现运动员英姿飒爽的形象与风采。

摇镜头变化顺序就是拍摄设备摇过的顺序，画面的空间排列是现实世界的原有排列，它不分割或破坏现实世界的原有排列，而是通过自身的运动来忠实地还原出这种关系。所以，摇镜头记录的空间是真实的、客观的。

摇镜头的表现力在于：①展示空间，扩大视野，摇镜头通过拍摄设备的运动将画面向四周扩展，突破了画面框架的空间局限，创造了视觉张力，使画面更加开阔，风光景物尽收眼底，如介绍风景、旅游的短视频，就可以利用摇镜头拍摄绵绵群山、莽莽云海，将观看者的情绪带到特定的故事氛围中；②摇镜头中的造型元素是自然流畅的，配合小景别画面可以包容更多的视觉信息，对于超宽、超高、超广、超长的物体，使用摇镜头能够完整、连续地展示其全貌；③介绍两个物体的内在联系，在形式上起到暗示或提醒的作用，观看者很容易从中悟出拍摄者的表现意图，观看者随着镜头的运动而融入画面；④利用意义相反或相近的两个主体，通过摇镜头把它们连接起来表示某种暗喻、对比关系，例如战争后的满目疮痍，在废墟上无助的人们的泪水，远处被轰炸后建筑物飘起的黑烟，通过摇镜头将这些画面连接起来，所表现的意义远远超出了这些画面本身的意义，具有更强的纪实力量；⑤摇镜头的范围是 360度，运动时或减速、或停顿，构成一种间歇摇动，通过镜头运动将物体串连起来，有红线串散珠的艺术效果和作用；⑥在一个稳定的起幅画面后，利用快速摇动使后续画面中的形象虚化，形成具有特殊表现力的甩镜头；⑦用长焦距镜头在远处追摇一个运动物体，摇动的方向、角度、速度均跟随被摄对象，使主体突、出清晰可见 ，还可以维持动作的统一性，使情节流畅、连贯、统一，如拍摄野生动物、体育竞技等；⑧拍摄相似的画面可形成一种积累的效果，强化人们对这个事物的印象；⑨摇出意外之物制造悬念，在一个镜头内形成视觉注意力的起伏，很多恐怖片中经常用类似的镜头，随之而来的是对意外之物的注意和疑问，形成悬念，引发兴趣;⑩利用非水平的倾斜摇、旋转摇,使画面具有包含倾向性的张力,造成一种不稳定感、不安全感,表现一种特定的情绪和气氛;⑪也可使用在画面转场中,通过空间的转换、被摄对象的变换,引导观看者视线由一处转到另一处,完成观看者注意力和兴趣点的转移。

摇镜头在拍摄时的注意事项:①目的性,摇镜头改变了观看者的视觉空间,使观看者对后面的新景物产生期待和注意,如果摇镜头后面的事物与前面的事物没有任何联系,这种期待和注意就会变成失望和不满,会破坏观看者欣赏画面的心境;②速度,成功的摇镜头离不开对速度的精心设计与控制,在介绍两个事物的空间关系时,摇镜头的速度直接影响着观看者对这两个事物空间距离的把握,摇镜头速度慢,可以为两个相距较近的事物塑造出较远的距离感,反之,摇镜头速度快,可以为两个相距较远的事物塑造出较近的距离感;③过程的完整,摇镜头的全部美感意义,不在于单一画幅上构图的完整和均衡,而在于整个摇摄过程中的适时与和谐,即画面运动平衡,起幅、落幅准确,摇摄速度均匀,间隔的时间要足够,不然会给人一种摇错的感觉。

图 3-17　摇镜头

(4)移镜头,是指将拍摄设备安放在可移动的工具上或者为其配上滑轮,沿一定方向左、右、前、后,按一定运动轨迹进行拍摄,由此形成一种富有流动感的拍摄方式。移镜头的语言意义与摇镜头相似,只不过它的视觉效果更为强烈。移镜头拍摄的画面中不断变化的背景使镜头表现出一种流动感,使观众产生一种置身其中的感觉,增强了画面的艺术感染力。当被摄对象呈静态时,形成巡视的视觉感受;当被摄对象呈动态时,形成跟随的视觉效果。与被摄对象逆向移动,创造紧张的情绪和压抑气氛。移镜头表现的画面空间是完整而连贯的,拍摄设备不停地运动,时时刻刻都在改变观看者的视点,在一个镜头中可以形成多景别的造型效果,使镜头产生了自身的节奏。因此,移镜头可以丰富画面的表现形式,创造具有特性的形象。

移镜头的表现力在于:①通过拍摄设备的移动开拓了画面的造型空间,创造出独特的视觉艺术效果;②在表现大场面、大纵深、多景物、多层次的复杂场景时,具有气势恢宏的造型效果；③通过有强烈主观色彩的镜头，表现出更自然生动的真实感和现场感；④可以形成多样化的视点，表现出各种运动条件下的视觉效果。

移镜头在拍摄时的注意事项：①在实际拍摄时尽量利用拍摄设备中视角最广的镜头，镜头视角越广，它的特点就体现得越明显，画面也容易保持稳定；②在画面造型上，它不再仅仅依靠平面造型的规律来表现立体空间，还利用镜头横、纵向运动，展示一个除了长和宽之外还有纵深变化的立体空间，给人造成一种强烈的时空变化感，一方面横向移动镜头突破了画面框架两边的限制，开拓了画面的横向空间，另一方面纵向移动镜头突破了电视屏幕平面局限，开拓了画面的纵向空间。

图 3-18　移镜头

（5）跟镜头，是指拍摄设备始终跟随处在运动状态的被摄对象，并且与被摄对象的运动趋势一致，形成连贯流畅的视觉效果。跟镜头可连续、详尽地展现被摄对象的动作和表情，能突出运动的主体，同时又能介绍被摄对象的运动方向、速度、体态及其与环境的关系，有利于展示人物在动态中的精神面貌。跟镜头通常分为跟摇、跟移、跟推。与移镜头有区别，跟镜头强调的是"跟随"，画面相对稳定，而且景别保持不变。这就要求拍摄者与被摄对象的运动速度基本一致，被摄对象既不会移出画面，景别也不会出现变化。而移镜头拍摄的距离则时有变化，从而创造出连贯而有变化的视觉形像。

跟镜头的表现力在于：①镜头始终跟随一个运动的被摄对象，被摄对象在画面中的位置相对固定，使人能够稳定观察他，环境背景始终处于运动变化中，使人们对被摄对象所处的环境有清楚的了解；②通过稳定的景别形式，使观看者与被摄对象的视点、视距相对稳定，对被摄对象的运动表现保持连贯；③跟镜头大致有前跟、后跟、侧跟三种，前跟是从被摄对象的正面拍摄，也就是拍摄者倒退拍摄，背跟或侧跟是拍摄者在被摄对象的后方或旁侧跟随拍摄的方式，由于观看者与被摄对象视点相同，因此所拍摄出的镜头能表现出一种主观性。

跟镜头不仅使观看者有身临其境、成为事件的"目击者"的感觉，而且还能表现出一种对人物、事件、场面的客观记录。在纪实性节目拍摄中，跟镜头有着重要的纪实性意义，尽管拍摄设备是运动的，但拍摄内容是追随式的、被动的，能让观看者对记录的事件确信无疑。

图 3-19　跟镜头

（6）升降镜头是借助升降装置一边升降一边拍摄的方式,这里的升降包括垂直升降、弧形升降、斜向升降或不规则升降。特别是在一些大场面中,控制得当的升降镜头能够非常传神地表现出宏大气势。升降镜头通常在电影电视、文艺晚会、音乐电视等的拍摄中运用得比较广泛。

升降镜头的表现力在于:①升降运动带来了画面视域的扩展和收缩,当拍摄设备升高和视野向纵深逐渐展开,展现出由近及远的大范围场面,当拍摄设备降低,镜头距离地面越来越近,所能展示的画面范围也渐渐狭窄起来;②获得多景别、多角度、多视点的多样性构图效果,在一个镜头中随着摄像机的高度变化和视点的转换,给观众以丰富多样的视觉感;③有利于表现高大物体的各个局部,可以在一个镜头中用固定的焦距和固定的景别对各个局部进行准确的再现;④有利于表现纵深空间中的点、面关系,升降镜头视点的升高和视野的扩大,可以表现出某点在某面中的位置,而视点的降低和视野的缩小,能够反映出某面中某点的情况;⑤能够强化空间的视觉深度感,营造高度感和气势感,可以展示事件或场面的规模、气势和氛围;⑥可以在一个镜头内实现内容转换与调度,在从高至低或从低至高的运动过程中,可以在同一个镜头中完成不同拍摄对象的转换;⑦有利于表现情感状态的变化,升高（以被摄对象为参照）时镜头呈现俯视效果,被摄对象变得低矮渺小,带有蔑视之意,降低（以被摄对象为参照）时镜头呈现仰视效果,被摄对象有居高临下之势,带有敬仰之意。

升降镜头在拍摄时的注意事项:①升降镜头与推、拉、摇及变焦距镜头运动等多种运动摄像方式结合使用时,会构成一种更加复杂多样、流畅活跃的表现形式,能在复杂的空间中取得收放自如的视觉效果,所以在拍摄前要设计好镜头运动轨迹,将需要展现的被摄对象规划在轨迹范围内;②拍摄时要注意镜头升降幅度适度,幅度过大就会有出镜质感,幅度过小会失去镜头感觉;③要控制好升降速度,运动中要有韵律感,速度过快会产生眩晕感觉,速度过慢镜头没有变化;④镜头升起形成高俯拍摄,交代被摄对象的环境,打破传统空间想象,形成新的视觉冲击力,让画面更有层次感,镜头降低聚焦在被摄对象上,吸引观看者的关注重点,带有拍摄者的主观色彩,形成新的视觉冲击感。

图 3-20　升降镜头

3.2.4　镜头连接的原则

镜头连接,就是将拍摄的画面有逻辑、有构思、有创意、有规律地连贯在一起。短视频也是如此,是由许多镜头有逻辑、有节奏地连接在一起的,讲述事情发生、发展和结束的整个过程。同时,连接镜头时要明确主题与中心思想,确定观看者的心理要求,以对不同镜头进行连接。

(1)事物的发展有必然的规律,镜头连接要遵循生活的逻辑。所谓生活的逻辑,是指事物发展过程中在时间、空间上的各种内在联系。时间上的连贯性要求在表现动作或事件时,要通过把握其变化的时间来安排相关镜头,让观看者有正确的时间概念。空间上的连贯性是指事情发展在同一空间,即事件发生在特定空间范围内,这种空间统一感主要是靠环境和参照物营造的。如狙击敌人的情景:第一个镜头是狙击手在楼顶就位;第二个镜头是特写,通过八倍镜观察敌人;第三个镜头是特写,扳动扳机;第四个镜头是特写,子弹射出;第五个镜头是敌人中弹;第六个镜头是街道一片混乱;第七个镜头是狙击手迅速撤离。这七个镜头连接在一起,反映了这一事件在时间、空间上的内在联系。

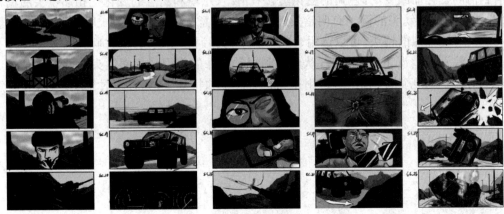

图 3-21　示意图

（2）要遵循连接规律。短视频是由一系列不同方向、不同角度、不同景别、瞬间变化的镜头组合而成的，所以连接时为了保证整体的连贯，不产生跳跃感，就需要注意镜头的连接规律。镜头连接要遵循"动接动""静接静"的规律。如果画面中同一被摄对象或不同被摄对象的动作是连贯的，可以动作接动作，以达到顺畅、简洁过渡的目的，这种连接叫作"动接动"；如果两个画面中的被摄对象动作是不连贯的，连接这两个镜头时，必须在前一个画面的被摄对象做完一个完整动作停下来后，再接上一个从静止开始的运动镜头，这种连接叫作"静接静"。当然，固定镜头和运动镜头连接，也叫"静接动"，同样需要遵循这个规律。连接的时候固定镜头需要连接摇镜头的起幅。相反，"动接静"需要摇镜头从落幅连接固定镜头，否则画面就会给人一种跳动的视觉感。此外，还要注意各种镜头连接后，尽量保持运动方向、速度一致，掌握好镜头长短和情节发展的轻重缓急，即节奏感。

图 3-22　示意图

（3）注意镜头连接时调子的统一。影调和色调通常被统称为调子，可以再现和提炼现实中的真实色彩，激发观看者的情感共鸣。影调是指画面的明暗层次、虚实对比，是创造气氛、形成风格的手段之一。色调是指画面的色彩组织或以某一颜色为主导时呈现出来的色彩倾向。调子应和短视频中的内容、情绪统一。如：表现欢快的气氛采用亮、暖调子；表现温馨怀旧的风格采用黄色调子；表现浪漫忧伤的场面采用蓝、绿色的冷色调。调子是随着剧情的变化而改变的，色调的变化蕴含着情绪、意境和寓意的变化。相邻镜头的调子要统一，如果前后镜头的调子有明暗反差，观看者注意力容易偏离。一般情况下，连接影调和色调对比强烈的镜头，可以选用一些具有中间影调和色调的镜头画面作为过渡，在不引起观众注意的情况下进行过渡，从而起到视觉缓冲的作用。相邻镜头的调子反差虽然会产生对比性与视觉冲击，但若运用得当也会产生独特效果，如强调时空变化，就会有意加大色调对比。

图 3-23　示意图

（4）镜头连接需要与其他因素相匹配。

①与不同景别的镜头相匹配，一个短视频需要由不同景别的镜头组成，既要避免将相同景别的镜头组接在一起，又要使景别变化适当。景别不同，画面所含的内容多少也不同，如以固定镜头来说，看清一个全景镜头约需 5 秒、中景约需 3 秒、近景约需 1 秒、特写约需 2 秒。当然一个镜头的长度要根据内容、节奏、动作、景物等实际情况综合考量。

②与镜头方向相匹配，尤其是被摄对象在两个相反方向运动的画面，连接这样的镜头时可以插入一个表现改变方向的动作的画面（如转身动作），；或插入一个局部的特写分散观看者的注意力，以缓解相反运动方向带来的冲突感，或利用大全景模糊镜头来过渡两个相反运动方向的画面等。

③与被摄对象位置相匹配，如拍摄朝一个方向运动的物体，在前后画面中应保持运动方向一致。拍摄环形运动的物体，在前后画面中需有明显的参照物，让观看者对物体运动方向一目了然。拍摄两个以相反方向相对运动的物体时，可用交替出现的方式来显示双方即将相遇的情景，同时可让画面时间越来越短，增强气氛感的冲突。

④与被摄对象视线方向相匹配，特别是被摄对象处于静态时的视向与前后画面有着密切的关系，只有被摄对象在静态和动态时都保持一种特定方向的连续性，才能保证前后画面中主体动向和视向的一致性。

图 3-24　示意图

3.2.5 镜头转场的技巧

转场就是镜头与镜头之间的转换过渡。在短视频中,转场镜头非常重要,负责划分层次、连接场景、承上启下。成功的转场不仅能让剧情连贯生动,还能使其富有层次感。不同转场方式的交叠应用,会丰富画面质感,提高艺术感。在短视频中,转场主要分为有技巧转场和无技巧转场两大类。

(1)有技巧转场,多用于情节段落之间的转换,强调心理的隔断性和视频的层次感,目的是使观看者有较明确的段落感觉。技巧转场可以运用一切外加特技,当今非线性编辑迅速发展,使技巧转场有数百种之多,常见的有技巧转场有以下几种。

①淡出与淡入,淡出是指上一段落最后一个镜头的画面在镜头中逐渐模糊、隐去直至黑场,淡入则是指下一段落第一个镜头的画面从模糊到清晰直至正常地出现。有些淡出与淡入之间存有一段黑场,更适用于自然段落的转换,从而给人一种间歇感。

②扫换,也称划像,划像一般是在两个内容意义差别较大的段落转换时运用,可分划出与划入。前一画面从镜头的某一方向退出称为划出,下一个画面从镜头的某一方向进入称为划入。根据进、出画面方向不同,划像又分横划、竖划、对角线划等。

③叠化,是指前一个镜头的画面与后一个镜头的画面相叠加,然后前一个镜头的画面逐渐隐去,留下后一个镜头的画面在镜头中逐渐显现的过程。叠化主要有以下几种功能:一是用于时间的转换,表示时间的消逝;二是用于空间的转换,表示空间已发生变化;三是用叠化表现梦境、想像、回忆等插叙、回叙画面;四是表现景物变幻莫测、琳琅满目、目不暇接。

④翻页,是指第一个画面翻过去,第二个画面随之显露出来,就像电子书中的翻书状态。这样的转换避免了场景跨越过大的尴尬,给观众时间飞速变化的暗示。

⑤定格,是对前一镜头结尾画面的最后一帧所做的停帧处理,这样的转场会使人产生视觉的停顿,此时再接着出现下一个画面就更连贯。这种镜头的转场强调被摄对象的形象、细节,可以制造悬念强调视觉冲击力,比较适合不同主题的段落间的转换或较大段落的结束。

⑥变化焦点,利用变化焦点来使形象模糊,从而使观看者的注意力集中到焦点突出的形象上。在这种技巧中,往往是两个被摄对象一前一后,在景深中互为陪衬,达到前虚后实或前实后虚的效果,从而进行转场。多用在较大的转换上,能形成明显的段落层次。

(2)无技巧转场,是指转场不依靠后期的非线性编辑或特效制作,而是在前期拍摄时,在镜头内部埋入一些线索,使两个镜头实现视觉上的流畅转换与自然过渡。无技巧转场着重强调视觉的连续性。常见的无技巧转场有以下几种。

①相同主体转换,是指上下两个相接镜头中的被摄对象相同或类似,便可从一个素材跳到另一个素材,以完成空间场景的转换。

②遮挡镜头转场,是指在上一个镜头接近末尾时,被摄对象移动至完全遮挡住摄像设备的镜头,然后下一个画面又走进摄像设备的镜头,这样简单而又自然的承接就实现了场景的转换。连接的镜头画面内容可以是相同的,也可以是不同的。这种转场既能给观看者带来视觉上较强的冲击,还可以造成思想上的悬念,使画面的节奏紧凑,没有间离感。

图 3-25　示意图

③主观镜头转场，是以拍摄对象的视线展开的转场，就是上一个镜头是拍摄对象在观看的画面，下一个镜头直接转到拍摄对象看到的物体。主观镜头转场是按照前、后两镜头之间的逻辑关系所做的转场处理，是最自然、最能引起观看者好奇心的转场手法。

④承接式转场，也是按逻辑关系进行的转场，是利用镜头在内容上的一致性、情节上的承接关系实现的转场。

⑤特写转场，是唯一一个不用考虑上一个镜头拍摄内容的转场，镜头直接由特写开始。特写有强大的冲击力，能集中人的注意力，使人几乎忘记上一个镜头的情节，所以即使前后镜头的内容不相称，场面突然转换，观看者也不会感觉到太大的视觉跳动。

⑥声音转场，用音乐、解说词、对白等方式，与画面配合进行转场。

总的来说，有技巧转场是用光学、数码技巧方法实现场面转换的，这些技巧转场颇具艺术效果。无技巧转场以事件、情节、人物关系做依据，可以起到转换自然流畅、增强戏剧效果、突出影片的整体感的效果。在实际运用中，无论使用哪种转场方式，目的只有一个，即能引起观看者的猎奇心理，利于挖掘故事情节，丰富人物关系、故事结构，使情节生动流畅，获得大家的认可。

图 3-26　示意图

3.3　记录类短视频的制作流程

　　纪录片是以真实生活为创作素材,以真人真事为表现对象,并对其进行艺术加工与展现,以展现真实为本质,引发人们思考的艺术形式。而记录类短视频则在此基础上,将整个视频通过艺术手段再次浓缩,通过简单叙述呈现复杂的事件,使观看者一目了然,能够理解拍摄的内容,对事物获得一个比较客观的印象。在这里有一点需要注意,记录类短视频拍摄者的个人观点可能会影响短视频的写实性。如关于动物的纪录片,创作者在编辑时往往更愿意选择带有戏剧性的镜头,而这些镜头并不一定是这些动物的典型生活习惯;许多拍摄者喜欢用拟人的语句来形容动物的各种活动,而实际上动物的活动与拟人的描写可能毫不相关。当然,记录类短视频是否能采用上述方法进行拍摄,需要根据拍摄短视频的目的决定,不能一概而论。但记录类短视频不变的核心是真实,如果失去了真实,则背离了拍摄的初衷,更有甚者可能会触犯相关的法律法规,承担相应的法律责任。

　　下面将利用录制完成的音、视频素材进行记录类短视频的制作,使用所学习过的相关视频软件,对素材进行剪辑合成,最终输出一个记录动物的短视频。

　　(1)打开 AE 软件,单击菜单栏中的"合成",选择"新建合成"(如图 3-28 所示)或使用快捷键"Ctrl+N",在弹出的"合成设置"对话框中,将"合成名称"设置为"片头",在"宽度"后输入"1280"、"高度"后输入"720"、"持续时间"后输入"0：00：03：00"(如图 3-29所示)。

图 3-27 示意图

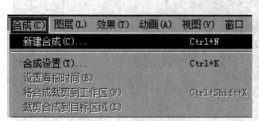

图 3-28 新建合成

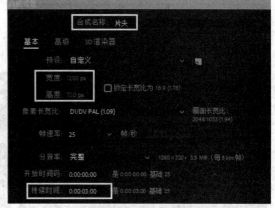

图 3-29 合成设置

（2）选择"横排文字工具"，在"合成面板"中输入"地球 家园"文字（如图 3-30 所示），在"字符面板"中，颜色选择"白色"，字体选择"方正超粗黑简体"，在"大小"后输入"200"（如图 3-31 所示）。

图 3-30 地球家园

图 3-31 字符面板

（3）在"时间线面板"中，使用鼠标右键单击文字层，在弹出的菜单中选择"从文字创建蒙版"(如图 3-32 所示),在菜单栏中单击"效果",选择"生成"→"描边"命令(如图 3-33 所示)。

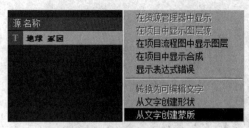

图 3-32　从文字创建蒙版　　　　　　　　　　　　图 3-33　描边

(4)在"效果控件面板"的"描边"中,勾选"所有蒙版",将"颜色"设置为"FF0000",在"画笔大小"后输入"10","绘画样式"选择"在透明背景上"(如图 3-34 所示),此时可以在"合成面板"中拖动文字的控制点,改变文字样式(如图 3-35 所示)。

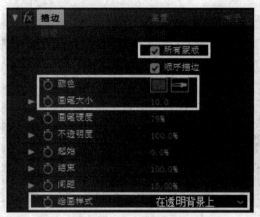

图 3-34　调节描边属性　　　　　　　　　　　　图 3-35　文字效果

(5)选择"地球 家园"轮廓层,选择"效果"→"颜色校正"→"颜色平衡(HLS)"命令(如图 3-36 所示),将"时间指针"拖至 0 秒位置(如图 3-37 所示)。

图 3-36　颜色平衡　　　　　　　　　　　　图 3-37　时间指针

(6)在"效果控件面板"的"描边"中,单击"起始"的"时间变化秒表",在"结束"后输入"0"(如图 3-38 所示),将"时间指针"拖至 2 秒位置,再在"起始"后输入"100"(如图 3-39 所示)。

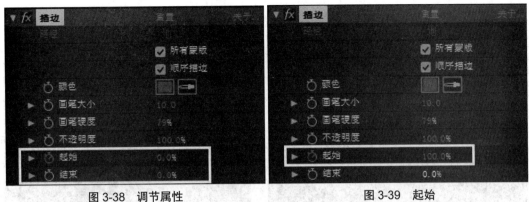

图 3-38　调节属性　　　　　　　　　　图 3-39　起始

（7）将"时间指针"拖至 0 秒位置,单击"颜色平衡（HLS）"中的"色相"的"时间变化秒表"（如图 3-40 所示）,将"时间指针"拖至 3 秒位置,在"色相"后输入"359"（如图 3-41 所示）。

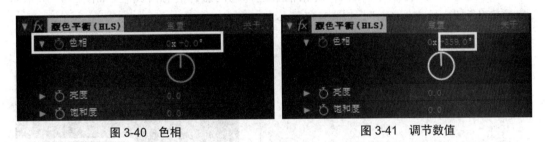

图 3-40　色相　　　　　　　　　　　　图 3-41　调节数值

（8）单击菜单栏在的"合成",选择"添加到渲染队列"（如图 3-42 所示）或按快捷键"Ctrl+M",在"渲染队列"中选择"输出模块""无损"（如图 3-43 所示）。

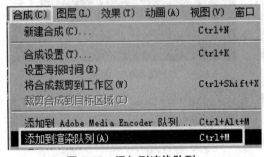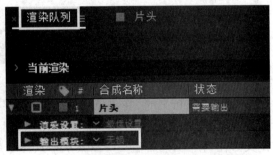

图 3-42　添加到渲染队列　　　　　　　图 3-43　无损

（9）在弹出的"输出模块设置"对话框中,将"格式"选择为"AVI","通道"选择"RGB+Alpha",单击"确定"（如图 3-44 所示）,"输出到"中点击"尚未确定"（如图 3-45 所示）。

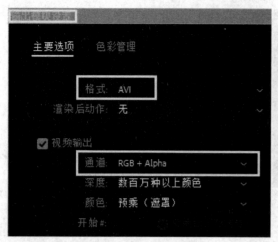

图 3-44　输出模块设置

图 3-45　输出到

（10）在弹出的"将影片输出到"对话框中选择输出影片的相应路径（如图 3-46 所示），在"渲染队列"中单击"渲染"（如图 3-47 所示）。

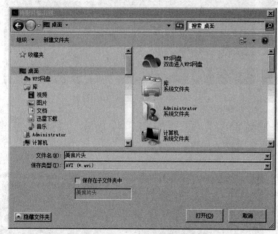

图 3-46　将影片输出到

图 3-47　渲染

（11）打开 Pr 软件，在菜单栏中单击"文件"，选择"新建"→"序列"（如图 3-48 所示）或使用快捷键"Ctrl+N"，在弹出的"新建序列"对话框的"设置"中，将"编辑模式"选择为"自定义"，在"帧大小"后输入"1280（水平）、720（垂直）"（如图 3-49 所示）。

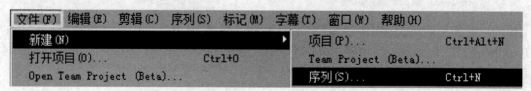

图 3-48　序列

图 3-49　新建序列

（12）双击"项目面板"将素材"片头""地球"导入（如图 3-50 所示），将素材"片头"拖至"序列面板"中的"视频轨道 2"，将素材"地球"拖至"序列面板"中的"视频轨道 1"（如图 3-51 所示）。

图 3-50　项目面板

图 3-51　序列面板

（13）选择素材"地球"，单击鼠标右键选择"速度 / 持续时间"（如图 3-52 所示），在弹出的"剪辑速度 / 持续时间"对话框中的"速度"后输入"20"，单击"确定"（如图 3-53 所示）。

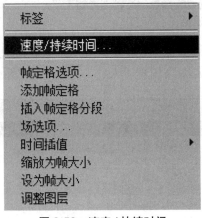

图 3-52　速度 / 持续时间

图 3-53　速度

（14）使用"剃刀工具"对素材"地球"进行剪切,使其与素材"片头"对齐（如图 3-54 所示）,将素材"地球"后面的部分进行删除（如图 3-55 所示）。

图 3-54　剪切素材

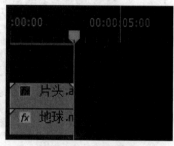

图 3-55　删除素材

（15）在菜单栏中单击"文件",选择"导出"→"媒体"命令（如图 3-56 所示）,在"导出设置"中的"输出名称"后输入"地球字幕",同时选择储存路径,对此 Pr 文件进行保存（如图 3-57 所示）。

图 3-56　媒体

图 3-57　导出设置

（16）单击菜单栏中"文件",选择"新建"→"项目"命令（如图 3-58 所示）或使用快捷键"Ctrl+Alt+N",在弹出的"新建项目"对话框中的"名称"后输入"人物"（如图 3-59 所示）。

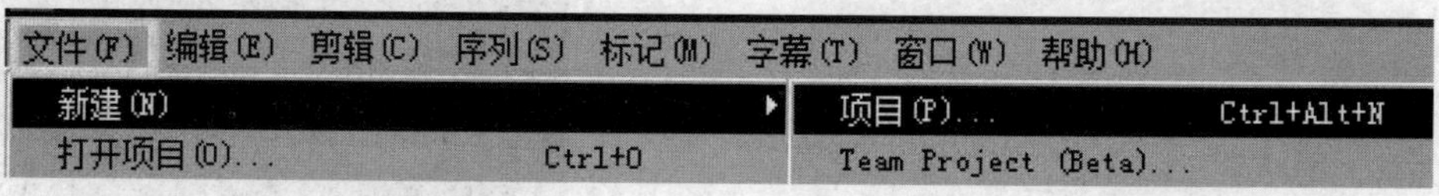

图 3-58　项目

图 3-59　新建项目

（17）双击"项目面板"将素材"人物"导入，并将其拖至"时间线面板"的"视频轨道 1"中（如图 3-60 所示），使用"剃刀工具"在素材"人物"的"00∶00∶07∶18"与"00∶00∶09∶18"位置进行剪切，保留中间部分，删除前后部分（如图 3-61 所示）。

图 3-60　项目面板

图 3-61　剪切并删除素材

（18）将素材"人物"移动到"时间线面板"的 0 帧 位置，再将"时间指针"拖至"00∶00∶01∶24"（如图 3-62 所示），选择素材"人物"，单击鼠标右键，选择"添加帧定格"命令（如图 3-63 所示）。

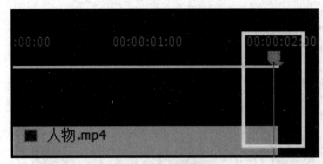

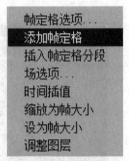

图 3-62　时间指针　　　　　　　　　　　　　图 3-63　添加帧定格

（19）按住"Alt"键，拖动定格帧到"视频轨道 2"中（如图 3-64 所示），在"效果控件面板"中选择"钢笔工具"（如图 3-65 所示）。

（20）对"视频轨道 2"中的素材中的人物进行勾勒（如图 3-66 所示），在"蒙版"中将"蒙版羽化"设置为"0"（如图 3-67 所示）。

（21）选择"视频轨道 2"中的素材，单击鼠标右键，选择"嵌套"命令（如图 3-68 所示），在弹出的"嵌套序列名称"对话框中单击"确定"（如图 3-69 所示）。

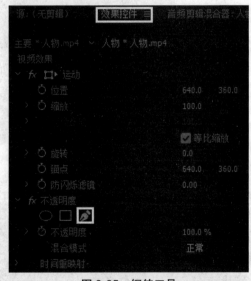

图 3-64　复制定格帧　　　　　　　　　　　　图 3-65　钢笔工具

图 3-66　勾勒人物　　　　　　　　　　　　　图 3-67　蒙版羽化

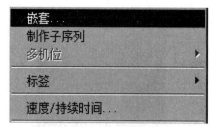

图 3-68　嵌套

图 3-69　嵌套序列名称

（22）在"时间线面板"中选择"嵌套序列 01"，打开"效果面板"中的"视频效果"→"透视"，双击"放射阴影"（如图 3-70 所示），在"效果控件面板"的"放射阴影"中，将"阴影颜色"设置为"FFFFFF"，在"不透明度"后输入"100"、"光源"后输入"860、500"、"投影距离"后输入"6"（如图 3-71 所示）。

图 3-70　放射阴影

图 3-71　调节放射阴影属性

（23）分别选择"视频轨道 2"中的素材"嵌套序列 01"与"视频轨道 1"中的素材"人物"，将其延长到"00：00：03：24"（如图 3-72 所示），将"时间指针"拖至"00：00：01：24"位置（如图 3-73 所示）。

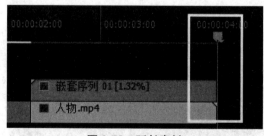

图 3-72　延长素材

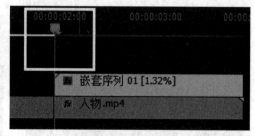

图 3-73　时间指针

（24）选择"嵌套序列 01"层，在"效果控件面板"中的"位置"后输入"640、360"、"缩放"后输入"100"，单击"位置"与"缩放"的"切换动画"（如图 3-74 所示），将"时间指针"拖至"00：00：02：04"位置（如图 3-75 所示）。

图 3-74　效果控件

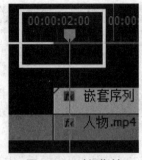

图 3-75　时间指针

（25）在"效果控件面板"中的"位置"后输入"560、390"、"缩放"后输入"115"（如图 3-76 所示），选择"视频轨道 1"中的素材"人物"，将"时间指针"拖至"00：00：01：24"位置（如图 3-77 所示）。

图 3-76　效果控件

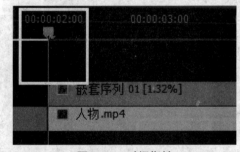

图 3-77　时间指针

（26）打开"效果面板"中的"视频效果"→"模糊与锐化"，双击"高斯模糊"（如图 3-78 所示），单击"高斯模糊"中"模糊度"的"切换动画"，同时在其后输入"20"，勾选"重复边缘像素"（如图 3-79 所示）。

图 3-78　高斯模糊

图 3-79　模糊度

（27）将"时间指针"拖至"00：00：02：24"位置（如图 3-80 所示），在"高斯模糊"中的"模糊度"后输入"100"（如图 3-81 所示）。

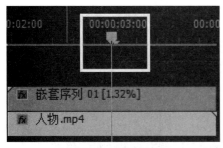

图 3-80　时间指针

图 3-81　模糊度

（28）在"项目面板"中单击鼠标右键，选择"新建项目"→"颜色遮罩"命令（如图 3-82 所示），在弹出的"新建颜色遮罩"对话框中单击"确定"（如图 3-83 所示）。

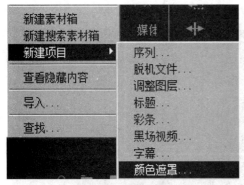

图 3-82　颜色遮罩

图 3-83　新建颜色遮罩

（29）在弹出的"拾色器"中输入"FFFFFF"（如图 3-84 所示），在弹出的"选择名称"对话框中单击"确定"（如图 3-85 所示）。

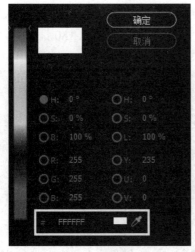

图 3-84　拾色器

图 3-85　选择名称

（30）将"颜色遮罩"层拖至"视频轨道 3"中，使其与"嵌套序列 01"对齐（如图 3-86 所示），再将"颜色遮罩"层缩放至"00：00：02：01"位置（如图 3-87 所示）。

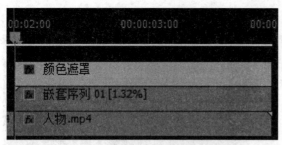

图 3-86　对齐

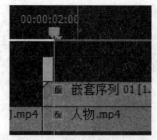

图 3-87　缩放

（31）在"时间线面板"中单击鼠标右键,在弹出的菜单中选择"添加轨道"命令（如图3-88 所示）。在"添加轨道"对话框中,将"视频轨道"中的添加设置为"1","放置"选择"视频1 之后",将"音频轨道"中的"添加"设置为"0"（如图3-89 所示）。

图 3-88　添加轨道

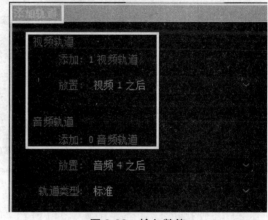

图 3-89　输入数值

（32）在"项目面板"中导入素材"笔刷",将其拖至新建的"视频轨道2"中,与其他素材对齐（如图3-90 所示）。在"效果控件面板"中的"视频效果"的"位置"后输入"520、360"、"缩放"后输入"135"、"旋转"后输入"30"、"不透明度"后输入"50","混合模式"选择"线性光"（如图3-91 所示）。

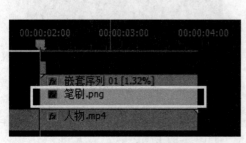

图 3-90　导入素材"笔刷"

图 3-91　效果控件

（33）打开将"效果面板"中的"视频过滤"→"擦除"，将"划出"拖动至素材"笔刷"上（如图 3-92 所示）。在"时间线面板"中选择"划出"效果，在"效果控件面板"中的"持续时间"后输入"00:00:00:08"，效果产生方向选择"左下角"（如图 3-93 所示）。

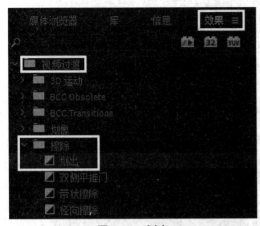

图 3-92　划出

图 3-93　效果面板

（34）在菜单栏中单击"字幕"，选择"新建字幕"→"默认静态字幕"命令（如图 3-94 所示），在弹出的"新建字幕"对话框中使用默认选项，单击"确定"（如图 3-95 所示）。

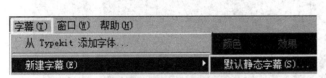

图 3-94　默认静态字幕

图 3-95　新建字幕

（35）在弹出的"字幕面板"中使用"文字工具"输入"米丽，一位充满激情的野生动物摄影师，强调维护生态环境的平衡"。在"字幕属性"的"变换"中的"X 位置"后输入"443"、"Y 位置"后输入"324.3"、"宽度"后输入"746.7"、"高度"后输入"355"、"旋转"后输入"343.5"，"字体系列"选择"方正喵呜体"，"字体样式"选择"Regular"，在"字体大小"后输入"70"、"宽高比"后输入"100"、"行距"后输入"25"，勾选"填充"，"填充类型"选择"线性渐变"，"颜色"选择"红至黄"，在"色彩到不透明"后输入"100"、"角度"后输入"33"、"重复"后输入"0"，勾选"阴影"，"颜色"选择"521D1D"，在"不透明度"后输入"90"、"角度"后输入"53"、"距离"后输入"10"、"大小"后输入"40"、"扩展"后输入"10"（如图 3-96 所示），观察"字幕面板"中的字幕效果（如图 3-97 所示）。

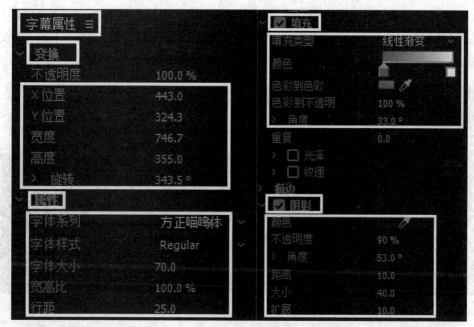

图 3-96　调节属性

图 3-97　字幕效果

（36）在"时间线面板"中单击鼠标右键，在弹出的菜单中选择"添加轨道"命令（如图 3-98 所示）。在"添加轨道"对话框中，将"视频轨道"中的"添加"设置为"1"，"放置"选择"视频 4 之后"，将"音频轨道"中的"添加"设置为"0"（如图 3-99 所示）。

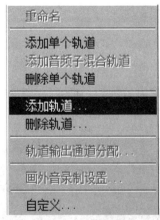

图 3-98　添加轨道

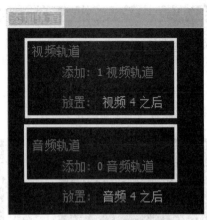

图 3-99　输入数值

（37）将"时间指针"拖至"00：00：02：05"位置（如图 3-100 所示），再将"字幕 01"拖至"视频轨道 5"上，与"时间指针"对齐，"出点"与其他素材对齐（如图 3-101 所示）。

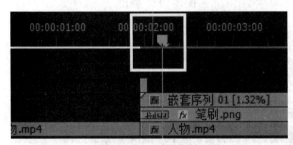

图 3-100　时间指针

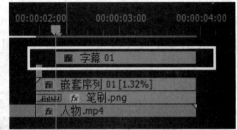

图 3-101　对齐素材

（38）打开"效果面板"中的"视频过渡"→"擦除"，选择"随机擦除"效果（如图 3-102 所示），将其拖至"字幕 01"上（如图 3-103 所示）。

图 3-102　随机擦除

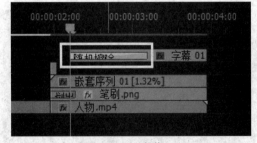

图 3-103　字幕 01

（39）选择"随机擦除"效果，在"效果控件面板"中的"持续时间"后输入"00：00：00：12"（如图 3-104 所示），单击菜单栏中的"文件"，选择"导出"→"媒体"命令（如图 3-105 所示）。

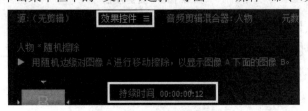

图 3-104　效果控件面板

图 3-105　媒体

（40）在"导出设置"中，将"格式"选择为"H.264"，在"输出名称"后输入"人物合成"，同时选择储存位置（如图 3-106 所示），单击"导出"，渲染文件（如图 3-107 所示）。

图 3-106　导出设置

图 3-107　导出

（41）单击菜单栏中的"文件"，选择"新建"→"项目"命令（如图 3-108 所示）或使用快捷键"Ctrl+Alt+N"，在弹出的"新建项目"对话框中的"名称"后输入"合成"（如图 3-109 所示）。

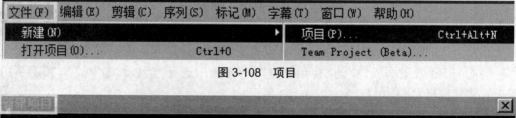

图 3-108　项目

图 3-109　新建项目

（42）单击菜单栏中的"文件"，选择"序列"（如图 3-110 所示）或使用快捷键"Ctrl+N"，在弹出的"新建序列"对话框的"设置"中，将"编辑模式"选择为"自定义"，在"帧大小"后输入"1280、720"（如图 3-111 所示）。

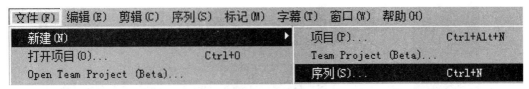

图 3-110　序列

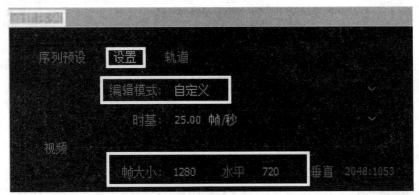

图 3-111　新建序列

（43）将全部素材（如图 3-112 所示）导入 Pr 软件中，将它们拖至"时间线面板"的"视频轨道 1"中，素材按"地球字幕""人物合成""熊猫""狮子 2""狮子 1""狮群""豹""海鸥""海豚""狗""牛头狸""猫""考拉""猴子""麋鹿""蛙""大象""马""鸭子""天鹅"的顺序排列（如图 3-113 所示）。

图 3-112　全部素材

图 3-113　排列素材

（44）在"时间线面板"中选择素材"熊猫"（如图 3-114 所示），在"效果控件面板"中的"视频效果"的"位置"后输入"944、448"、"缩放"后输入"175"（如图 3-115 所示）。

图 3-114　素材"熊猫"

图 3-115　效果控件

（45）在"时间线面板"中选择素材"狮群"（如图 3-116 所示），在"效果控件面板"中的"视频效果"的"位置"后输入"660、324"、"缩放"后输入"140"（如图 3-117 所示）。

图 3-116　素材狮群

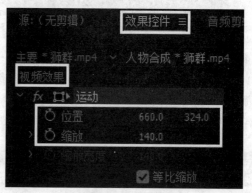

图 3-117　调节属性

（46）在"时间线面板"中选择素材"海鸥"（如图 3-118 所示），在"效果控件面板"中的"视频效果"的"位置"后输入"548、280"、"缩放"后输入"140"（如图 3-119 所示）。

图 3-118　素材海鸥

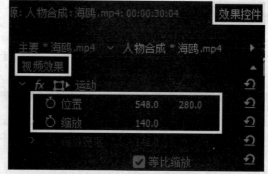

图 3-119　效果控件

（47）在"时间线面板"中选择素材"狗"（如图 3-120 所示），在"效果控件面板"中的"视频效果"的"位置"后输入"628、388"、"缩放"后输入"120"（如图 3-121 所示）。

（48）在"时间线面板"中选择素材"猫"（如图 3-122 所示），在"效果控件面板"中的"视频效果"的"位置"后输入"736、464"、"缩放"后输入"170"（如图 3-123 所示）。

图 3-120　素材狗

图 3-121　效果控件

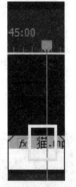

图 3-122　素材猫

图 3-123　效果控件

（49）在"效果面板"的"视频过渡"中,选择"溶解"→"胶片溶解"(如图 3-124 所示),将其拖至素材"地球字幕"与"人物合成"之间,此时弹出了"媒体不足。此过渡将包含重复的帧"提示,通常通过三种方法可以解决:①将过渡效果持续时间缩短;②将素材视频时间延长;③忽略提示,继续使用过渡效果(如图 3-125 所示)。

图 3-124　胶片溶解

图 3-125　提示对话框

（50）选择"胶片溶解"过渡效果,将"效果控件面板"中的"对齐"选择为"起点切入"(如图 3-126 所示),在"效果面板"的"视频过渡"中,选择"缩放"→"交叉缩放"(如图 3-127 所示),将其拖至素材"人物合成"与"熊猫"之间。

图 3-126　效果控件

图 3-127　交叉缩放

（51）在"效果面板"的"视频过渡"中，选择"页面剥落"→"翻页"（如图 3-128 所示），将其拖至素材"狮子 2"与"狮子 1"之间。选择"翻页"过渡效果，将"效果控件面板"中的"对齐"选择为"终点切入"（如图 3-129 所示）。

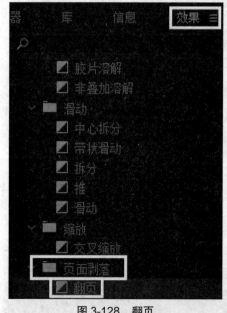

图 3-128　翻页

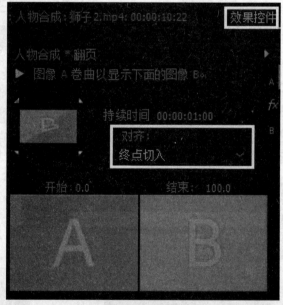

图 3-129　效果控件

（52）在"效果面板"的"视频过渡"中，选择"缩放"→"交叉缩放"（如图 3-130 所示），将其拖至素材"狮群"与"豹"之间。在"效果面板"的"视频过渡"中，选择"溶解"→"渐隐为白色"（如图 3-131 所示），将其拖至素材"豹"与"海鸥"之间。

图 3-130 交叉缩放

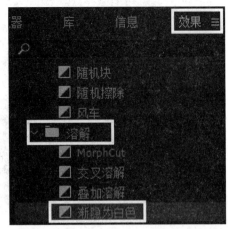

图 3-131 渐隐为白色

（53）在"效果面板"的"视频过渡"中，选择"擦除"→"棋盘擦除"（如图 3-132 所示），将其拖至素材"猫"与"考拉"之间。在"效果面板"的"视频过渡"中，选择"溶解"→"交叉溶解"（如图 3-133 所示），将其拖至素材"马"与"鸭子"之间。

图 3-132 棋盘擦除

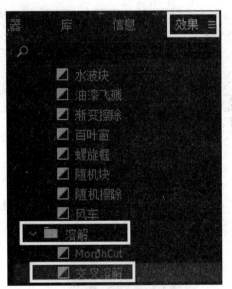

图 3-133 交叉溶解

（54）在"效果面板"的"视频过渡"中，选择"溶解"→"渐隐为黑色"（如图 3-134 所示），将其拖至素材"天鹅"出点位置（如图 3-135 所示）。

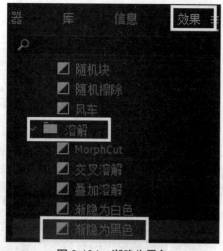

图 3-134　渐隐为黑色

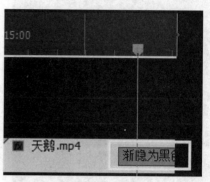

图 3-135　出点

（55）在"时间线面板"中选择全部素材（如图 3-136 所示），在"效果面板"中，双击"颜色校正"下的"均衡"（如图 3-137 所示），此时选择的全部素材都添加了"均衡"命令。

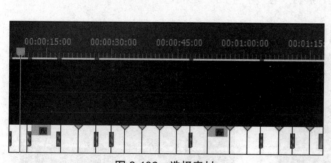

图 3-136　选择素材

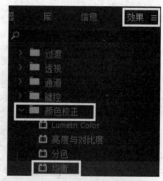

图 3-137　均衡

（56）在"时间线面板"中只选择素材"熊猫"（如图 3-138 所示），在"效果控件面板"中的"均衡"的"均衡量"后输入"50"（如图 3-139 所示）。"均衡"效果的作用就是降低图像色彩的反差，均化像素值，重新分布素材中的亮度值。

图 3-138　选择素材"熊猫"

图 3-139　效果控件

（57）以此类推，分别选择素材"狮子 2"，在"均衡量"后输入"90"（如图 3-140 所示）；再在素材"狮子 1"的"均衡"的"均衡量"后输入"60"（如图 3-141 所示）。

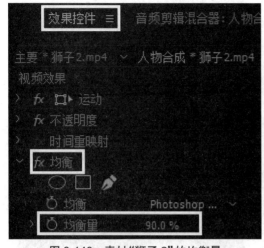
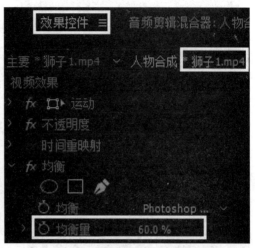

图 3-140　素材"狮子 2"的均衡量　　　　　图 3-141　素材"狮子 1"的均衡量

（58）选择素材"狮群"，在其"均衡"的"均衡量"后输入"45"（如图 3-142 所示）；选择素材"豹"，在其"均衡"的"均衡量"后输入"40"（如图 3-143 所示）。

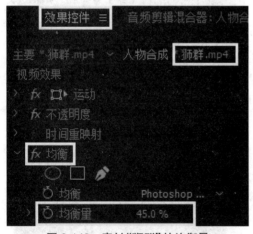

图 3-142　素材"狮群"的均衡量　　　　　图 3-143　素材"豹"的均衡量

（59）选择素材"海鸥"，在其"均衡"的"均衡量"后输入"35"（如图 3-144 所示）；选择素材"海豚"，在其"均衡"的"均衡量"后输入"50"（如图 3-145 所示）。

（60）选择素材"狗"，在其"均衡"的"均衡量"后输入"15"（如图 3-146 所示）；选择素材"牛头狸"，其"均衡"的"均衡量"后输入"45"（如图 3-147 所示）。

（61）选择素材"猫"，在其"均衡"的"均衡量"后输入"40"（如图 3-148 所示）；选择素材"考拉"，在其"均衡"的"均衡量"后输入"40"（如图 3-149 所示）。

（62）选择素材"猴子"，在其"均衡"的"均衡量"后输入"50"（如图 3-150 所示）；选择素材"麋鹿"，在其"均衡"的"均衡量"后输入"35"（如图 3-151 所示）。

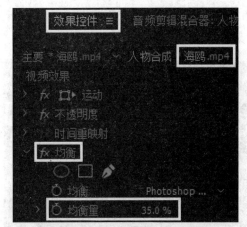

图 3-144　素材"海鸥"的均衡量

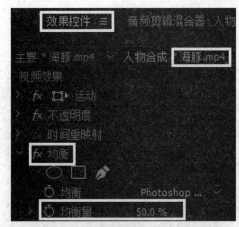

图 3-145　素材"海豚"的均衡量

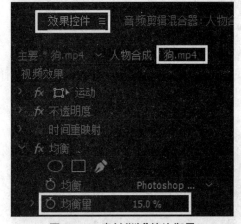

图 3-146　素材"狗"的均衡量

图 3-147　素材"牛头㹴"的均衡量

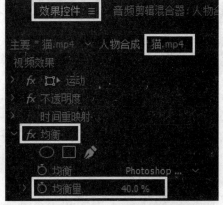

图 3-148　素材"猫"的均衡量

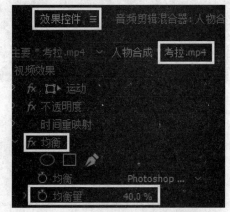

图 3-149　素材"考拉"的均衡量

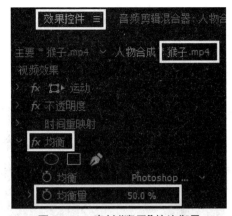

图 3-150　素材"猴子"的均衡量

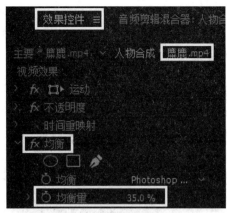

图 3-151　素材"麋鹿"的均衡量

（63）选择素材"蛙"，在其"均衡"的"均衡量"后输入"30"（如图 3-152 所示）；选择素材"大象"，在其"均衡"的"均衡量"后输入"25"（如图 3-153 所示）。

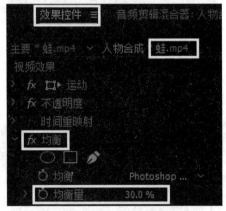

图 3-152　素材"蛙"的均衡量

图 3-153　素材"大象"的均衡量

（64）选择素材"马"，在其"均衡"的"均衡量"后输入"60"（如图 3-154 所示）；选择素材"鸭子"，在其"均衡"的"均衡量"后输入"30"（如图 3-155 所示）。

图 3-154　素材"马"的均衡量

图 3-155　素材"鸭子"的均衡量

（65）选择素材"天鹅"，在其"均衡"的"均衡量"后输入"10"（如图3-156所示）。将音乐素材"马""狗""猫""豹1""豹2""大象""狮子""天鹅"等导入"项目面板"（如图3-157所示）。

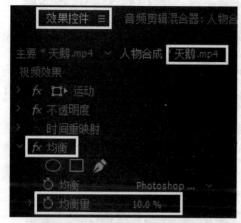

图3-156　素材"天鹅"的均衡量

图3-157　导入音乐素材

（66）将音乐素材"地球字幕音乐""配乐"拖至"时间线面板"的"音频轨道1"上，并与"视频轨道1"中的素材对齐（如图3-158所示）。选择"地球字幕音乐"，在"效果控件面板"中的"级别"后输入"-5"（如图3-159所示）。

图3-158　音乐素材

图3-159　级别

（67）将"时间指针"拖至"00：00：02：00"位置（如图3-160所示），在"效果控件面板"的"级别"后输入"-15"（如图3-161所示）。

图3-160　时间指针

图3-161　级别

（68）将"时间指针"拖至"00：00：02：23"位置（如图3-162所示），在"效果控件面板"中的"级别"后输入"-50"（如图3-163所示）。

图 3-162 时间指针

图 3-163 级别

（69）选择音乐素材"配乐"，在"效果控件面板"中的"级别"后输入"-10"（如图 3-164 所示）。将"时间指针"拖至"00：00：06：22"位置（如图 3-165 所示）。

图 3-164 级别

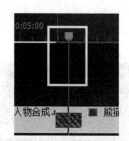

图 3-165 时间指针

（70）选择音乐素材"配乐"，在"效果控件面板"中的"级别"后输入"-20"（如图 3-166 所示）。将"时间指针"拖至"00：01：11：04"位置（如图 3-167 所示）。

图 3-166 级别

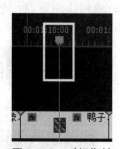

图 3-167 时间指针

（71）选择音乐素材"配乐"，在"效果控件面板"中的"级别"后输入"-20"（如图 3-168 所示）。将"时间指针"拖至"00：01：17：03"位置（如图 3-169 所示）。

图 3-168 级别

图 3-169 时间指针

（72）选择音乐素材"配乐"，在"效果控件面板"中的"级别"后输入"-60"（如图 3-170

所示）。将"时间指针"拖至"00:00:15:05"位置（如图 3-171 所示）。

图 3-170　级别

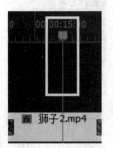

图 3-171　时间指针

（73）选择音乐素材"狮子"，将其拖至"时间线面板"的"音频轨道 2"上，并与"时间指针"对齐（如图 3-172 所示）。将"时间指针"拖至"00:00:27:20"位置（如图 3-173 所示）。

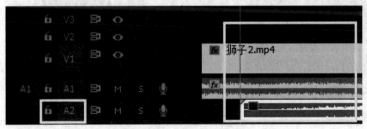

图 3-172　时间线面板

图 3-173　时间指针

（74）选择音乐素材"豹 1"，将其拖至"时间线面板"的"音频轨道 2"上，并与"时间指针"对齐（如图 3-174 所示）。将"时间指针"拖至"00:00:29:02"位置（如图 3-175 所示）。

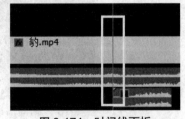

图 3-174　时间线面板

图 3-175　时间指针

（75）选择音乐素材"豹 2"，将其拖至"时间线面板"的"音频轨道 2"上，并与"时间指针"对齐（如图 3-176 所示）。将"时间指针"拖至"00:00:37:04"位置（如图 3-177 所示）。

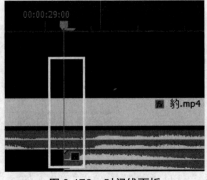

图 3-176　时间线面板

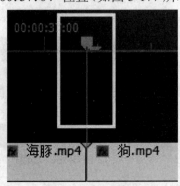

图 3-177　时间指针

（76）选择音乐素材"狗"，将其拖至"时间线面板"的"音频轨道 2"上，并与"时间指针"对齐（如图 3-178 所示）。将"时间指针"拖至"00:00:45:16"位置（如图 3-179 所示）。

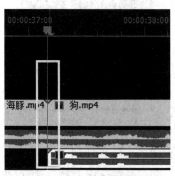

图 3-178　时间线面板

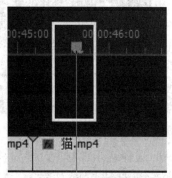

图 3-179　时间指针

（77）选择音乐素材"猫"，将其拖至"时间线面板"的"音频轨道 2"上，并与"时间指针"对齐（如图 3-180 所示）。将"时间指针"拖至"00:01:04:04"位置（如图 3-181 所示）。

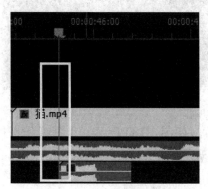

图 3-180　时间线面板

图 3-181　时间指针

（78）选择音乐素材"大象"，将其拖至"时间线面板"的"音频轨道 2"上，并与"时间指针"对齐（如图 3-182 所示）。将"时间指针"拖至"00:01:08:11"位置（如图 3-183 所示）。

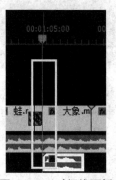

图 3-182　时间线面板

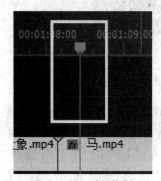

图 3-183　时间指针

（79）选择音乐素材"马"，将其拖至"时间线面板"的"音频轨道 2"上，并与"时间指针"对齐（如图 3-184 所示）。将"时间指针"拖至"00:01:15:02"位置（如图 3-185 所示）。

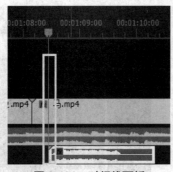

图 3-184　时间线面板

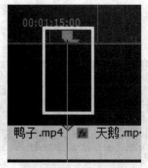

图 3-185　时间指针

（80）选择音乐素材"天鹅"，将其拖至"时间线面板"的"音频轨道 2"上，并与"时间指针"对齐（如图 3-186 所示）。选择音乐素材"天鹅"，在"效果控件面板"中的"级别"后输入"-5"（如图 3-187 所示）。

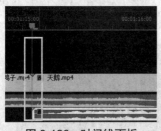

图 3-186　时间线面板

图 3-187　级别

（81）将"时间指针"拖至"00：01：17：03"位置（如图 3-188 所示），选择音乐素材"天鹅"，在"效果控件面板"中的"级别"后输入"-5"（如图 3-189 所示）

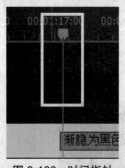

图 3-188　时间指针

图 3-189　级别

（82）将"时间指针"拖至"00：01：18：01"位置（如图 3-190 所示），选择音乐素材"天鹅"，在"效果控件面板"中的"级别"后输入"-50"（如图 3-191 所示）。

（83）单击菜单栏中的"文件"，选择"导出"→"媒体"命令（如图 3-192 所示）。在"导出设置"中，将"格式"选择为"H.264"，在"输出名称"后输入"地球家园"（并选择储存路径），勾选"导出视频"和"导出音频"（如图 3-193 所示）。播放导出的视频，观察最终效果（如图 3-194 所示）。

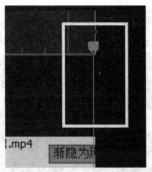

图 3-190　时间指针

图 3-191　级别

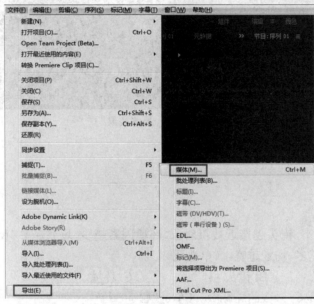

图 3-192　媒体

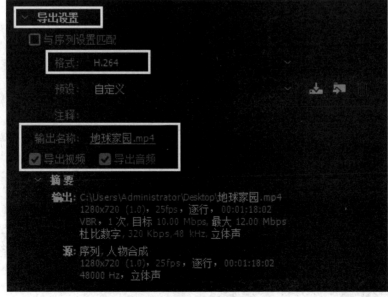

图 3-193　导出设置

图 3-194　最终效果

课后练习

1. 选择题

（1）（　　）越小，镜头越接近被摄对象，环境因素越少，场景越窄；反之，镜头越远离被摄对象，环境因素越多，场景越宽。（单选题）

A. 景别　　　　　　B. 镜头　　　　　　C. 环境　　　　　　D. 人物

（2）短视频不是（　　）的缩减版。（单选题）

A. 电影　　　　　　B. 电视剧　　　　　C. 话剧　　　　　　D. 网络剧

（3）（　　）是短视频中最小的单位。（单选题）

A. 帧　　　　　　　B. 场　　　　　　　C. 镜头　　　　　　D. 集

（4）（　　）是对前一镜头结尾画面的最后一帧所做的停帧处理，这样的转场会使人产生视觉的停顿，此时再接着出现下一个画面就更连贯。（单选题）

A. 扫换　　　　　　B. 叠化　　　　　　C. 翻页　　　　　　D. 定格

（5）转场主要有（　　）。（多选题）

A. 有技巧转场　　　B. 无技巧转场　　　C. 特效转场　　　　D. 过渡转场

2. 简答题

（1）简述短视频创意的基本原则。

（2）简述剧情类短视频的基本构成要素。

3. 操作题

请制作一段关于动物、植物、人物的记录类或写真类视频作品，画面要求光线统一，展现出动物、植物、人物与大自然的和谐共处。视频时长不超过 1 分钟，素材应用不少于 15 条，内容要体现出关注生命、关注环境的主题。

第 4 章　短视频的文案与光影

思政育人

德的树立、美的浸润以及对学生传统文化与社会责任心的培养需要较长的周期与系统化的教学设计,通过本章课程加强学生的团队合作意识,进一步增强学生的社会责任感。

知识重点

- ● 理解短视频文案的作用与写作要求。
- ● 掌握光线、节奏的运用方法。
- ● 掌握博客短视频的制作流程。

4.1　短视频的文案

在观看短视频时,优秀的文案能吸引更多的粉丝关注,将短视频推上热搜。由此可见短视频的文案写作对短视频的重要性。短视频虽"小",但是包含的内容并不"少"。对于那些情感类、鸡汤类、教育类的短视频来说,文案更加必不可少。短视频的制作高手都有记录文案的习惯,直达人心的语句平时都会被记录下来,留作以后创作的素材。对于刚刚接触短视频的创作者来说,除了要去学习拍摄、剪辑、特效等制作方法,还应该多关注短视频的文案。

图 4-1　短视频文案

4.1.1　短视频标题的作用与特点

标题是表明文章与作品内容的简短语句,一般分为总标题、副标题、分标题。标题可以使读者了解文章与作品的主要内容和主旨,应该准确、鲜明、简洁、美观、富有韵律。短视频的标题则要点明主题,优秀的标题有着点石成金的效果,对短视频的内容起到升华的作用。多数短视频平台通过机器分析,提取关键词汇,并据此将相关内容推荐给可能感兴趣的用户,所以短视频能否得到广泛的推荐,标题词汇的使用起着关键作用。绝大多数的人在观看短视频时,不会展开详情、评论等,甚至只观看三到五秒钟,便决定是否继续观看下去。此时短视频的标题就起着至关重要的作用,优秀的标题能使短视频在浩如烟海的信息中脱颖而出,吸引人驻足观看或留言关注。

　　优秀的短视频标题具有以下几个特点。第一,简单明了、通俗易懂,标题有画面感,能够给予观看者直观的感受。短视频本身就是以一种短小精悍的形式进行传播的,而短视频标题更像是一座桥梁,让观看者快速了解视频的内容,所以短视频需要简单、易懂的词汇做标题介绍视频。第二,走近生活、贴近生活,突出与观看者的共鸣点,多使用"我"和"你"等词汇,拉近与观看者的距离。第三,文字有力、不卑不亢,直接介绍视频内容,让观看者预知视频的内容。第四,要体现独特的思维、创新的观点和科学的态度。切记,标题中千万不要使用一些危言耸听的词汇,这样的做法不但过时老套,还会引起观看者的反感、厌恶,对后续的推荐也十分不利。

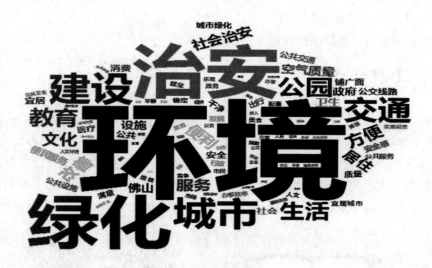

图 4-2　短视频中常见词汇

4.1.2　短视频标题的写作要点

　　不同类型的短视频的内容需要不同的标题与之搭配,不同的标题会给短视频内容的传播带来不同的效果。短视频标题有以下几个写作要点。

　　(1)揣摩观看者的心理。从短视频平台的算法来看,短视频的推送是与用户的兴趣相关联的,只要能抓准观看者心理,短视频的账号就会被平台推荐给更多的观看者。大众观看短视频是为了满足好奇、娱乐社交、寻找共鸣、购买产品等心理。只要将账号类型和短视频内容匹配上特定的用户群体,就会产生事半功倍的效果。

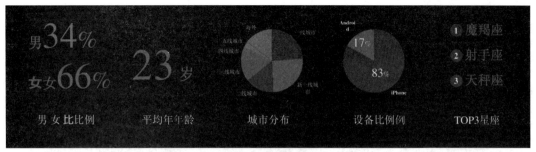

图 4-3　数据分析

（2）多使用疑问句。提出疑问更容易激起观看者的好奇心，只有产生了好奇心，观看者才会想知道短视频的内容，才会有点击浏览的欲望。提出疑问还能加强与观看者的互动，拉近距离。激起观看者好奇心的方法有以下两种：一是制造猎奇感，陈述一件看似不可能做到的事情，这类标题能引起观看者强烈的猎奇感，从而使其产生弄清事情来龙去脉的心理；二是营造反差感，使用两个对立的词汇形成反差感很容易引起观看者的好奇心，这类标题更适用于日常被大家讨论、容易产生对立观点的内容。

图 4-4　疑问句标题

（3）巧用阿拉伯数字。浏览短视频时，观看者目光停留在标题上的时间不过只有几秒钟，要想利用几秒钟的时间将内容最大化输出，最简单的方法就是在标题中使用数字。带数字的标题具有逻辑清晰的特点，会让标题看上去更有说服力，同时数字更容易展现短视频的要点。数字和文字相结合能形成比较强烈的差别对比，让模糊的信息变得准确、量化，使观看者更迫切地想要知道数字对应的信息。在具体使用上，一种方法是对两组相差很大的数字进行对比，使观看者产生一种在很短的时间里获取很多价值的心理。这类标题多用于教学、技巧型的视频内容；还有一种方法，就是使用一组极端大或者极端小的数字，使观看者产生"稀有心理"，激发观看者的求知欲，从而点开短视频，这类标题使用范围广泛，知识性、常识性的视频内容都可以使用。

图 4-5　带有数字的标题

（4）结合时下热点事件，获取较大流量。这就是大家常说的"蹭热点""借势营销"。热点是在一段时间内社会上讨论度最高的事情。短视频标题之所以要连上热点，目的是通过热点事件吸引感兴趣的用户观看，提升视频热度，提高浏览数量和评论数量。蹭热度，就是通过追踪解说时下大家观注度较高的人或事，以此提高浏览量和点赞量，如：一男子救孩子，蹭热度最直接的方法就是提取热度词，如，舍身精神等词汇，再深度追踪。

图 4-6　关注事件的标题

（5）角色带入产生同理心。短视频可以选用大多数人都经历过的事情，这样的内容能引起观看者的思考、回忆，从而引起互动，只要对观看者的心理把握得够准确，短视频就能使不同的社会群体、不同年龄层的人产生共鸣。短视频标题可使用一些情绪化的词汇，直戳人性中最柔软的地方，唤起观看者的共鸣；也可以直接锁定目标群体，使用与此群体相关的词汇，使观看者快速"对号入座"，从而产生共鸣。

图 4-7　产生共鸣的标题

（6）设置悬念式标题文案。话只说一半留有悬念，可以引发观看者强烈的好奇心，吸引人在猜疑与揣测中继续看完视频，从而提高视频的浏览量和完播率。不过需要特别注意的是，使用此类标题的短视频的结果要与观看者的心理期待一致，而且标题里不能有任何剧透。

图 4-8　带悬念的标题

4.1.3　短视频标题写作的注意事项

标题决定着观看者对短视频的第一印象，特别是在平台的关键词搜索、后台算法中，起到决定性的作用。短视频要想得到更多的人的关注，拥有更多的粉丝，在标题写作中需要规避一些"雷区"。

1. 忌做标题党

标题党常用危言耸听的词汇做标题，如：真相、千万、竟然是、万万没想到、想不到、揭秘等。标题党常用夸张的标题吸引人点击视频，但内容却是非官方来源的“小道消息”，甚至是严重失实的信息，这种做法短期内可能会吸引观看者点击，但并不会获得长久的关注，所以切记：标题是关键，视频是核心。

正题歪做
违反正确导向
侮辱调侃
突破道德底线
无中生有
违背新闻真实
断章取义
歪曲报道原意
夸大事实
引发社会恐慌
格调低俗
败坏社会风俗

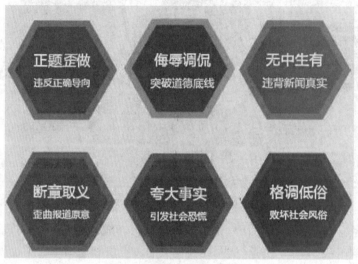

图 4-9 标题制作“六不为”

2. 注意标题字数

标题字数太少，平台无法准确地提炼具体信息，不能对短视频进行识别管理，会造成数据流量的流失。标题字数过多会影响观看体验，观看者不能第一时间获取核心信息，导致失去观看短视频的兴趣。标题字数应控制在 10~20 个字。

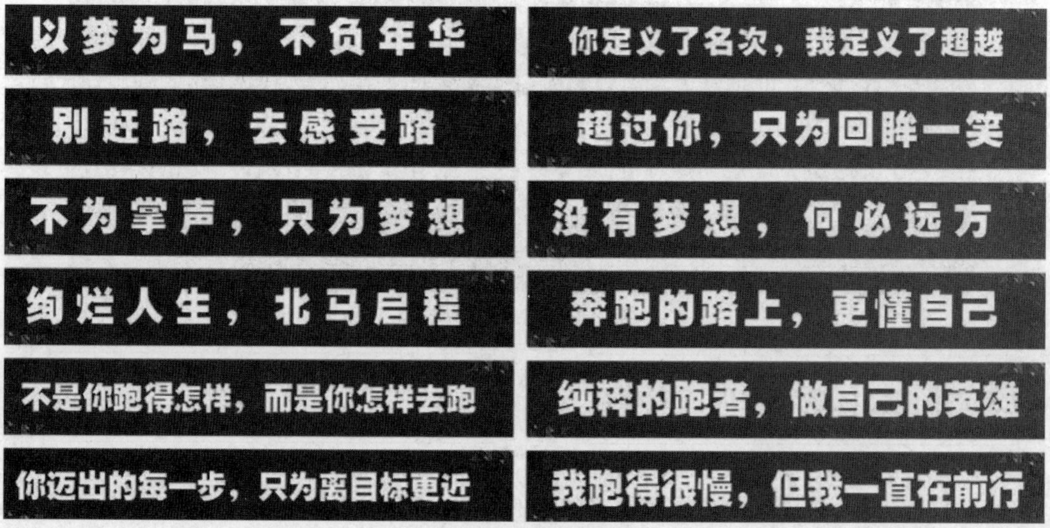

以梦为马，不负年华
你定义了名次，我定义了超越
别赶路，去感受路
超过你，只为回眸一笑
不为掌声，只为梦想
没有梦想，何必远方
绚烂人生，北马启程
奔跑的路上，更懂自己
不是你跑得怎样，而是你怎样去跑
纯粹的跑者，做自己的英雄
你迈出的每一步，只为离目标更近
我跑得很慢，但我一直在前行

图 4-10 标题字数

3. 避免使用生涩词汇

火爆的视频都有一个共同的特点,就是通俗易懂。无论是标题文字,还是视频内容,都应简单明了,这样大众才会去评论、关注。如果短视频标题过多地使用生涩词汇,那么无形中就给观看者设置了门槛,将许多潜在的粉丝拒之门外。

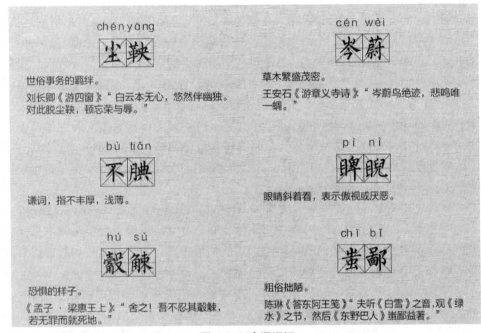

图 4-11　生涩词汇

总之,一个优秀的短视频制作者应坚持原则,不触碰违法、违规内容,遵守平台的规定,这是最基本的职业标准。短视频标题应引人注意但又不夸张,内容既有创意又能保证质量,这才是短视频运营的长久之计。

下面分享一些短视频标题的模板:

● 你在(　　)年做过最后悔的事是什么?
● 所爱隔山海,山海不可平。你经历过绝望吗?
● 高智商的人有五类,你属于哪一类?
● 中国最(　　)的景点,知道一个算你牛!
● 全球最(　　),你(　　)哪些?
● 别让未来的自己,讨厌现在的自己!
● 别再每天早晨只知道(　　)了,这些更有营养!
● 看懂这些后,你再决定买什么样的越野车吧!
● 长得漂亮是优势,活得漂亮才是你的本事!

4.1.4　短视频脚本

短视频虽然只有几十秒,最长不过几分钟,但是一个优秀的短视频的制作过程与拍摄电影类似,每个镜头都是精心设计的,所需参考的就是脚本。脚本是表演戏剧、拍摄电影等所依据的底本。短视频脚本与其类似，是指拍摄短视频所依据的底本，是故事的发展大纲。在拍摄短视频前，视频脚本需要确定故事的整体框架，包括故事的时间、地点、人物，还需要确定每个人物的台词、动作及情绪的变化，每个画面的景别以及镜头所要表现的内容。这些细节内容都需要在撰写短视频脚本时确定下来。

脚本一般分为拍摄提纲、文学脚本、分镜头脚本，它们分别适用于不同类型的视频。

（1）拍摄提纲，是为拍摄一部影片或某些场面而制定的拍摄要点，只对拍摄起到提示作用，将拍摄内容罗列起来形成一个简单框架。拍摄提纲一般没有太多的限制，摄影师可发挥的空间比较大。例如，拍摄故事片时，当遇到某些场景不能以预先设计的分镜头拍摄时，需要摄影师灵活处理，抓住场景拍摄的要点。拍摄提纲一般分为选题阐述、视角阐述、体裁阐述、风格画面和节奏阐述五个部分。选题阐述明确选题意义、主题立意和创作的主要方向，阐明剧本创作的初衷；视角阐述明确表现事物的角度；不同的体裁有不同的创作要求、创作手法、表现技巧和选材标准，这就需有体裁阐述对其进行明确；风格画面和节奏阐述主要决定创作环境是轻快还是沉重，色调影调、构图、光影以及外部节奏与内部节奏如何把握等。在拍摄短视频时，一般很少采用这种脚本。

（2）文学脚本，是各种小说、故事改编以后，方便以镜头语言来完成的一种台本方式。它将设计的细节填充到拍摄提纲中，使得脚本更完整。文学脚本没有分镜头脚本那样精细，与剧本也不同，只是列出了拍摄时有关可控因素的拍摄思路。它只有大致的故事情节，没有准确的台词，只适合剧情与台词十分简单的短视频。

（3）分镜头脚本，是将文字转换成为可以用镜头直接表现的画面，通常包括画面内容、景别、摄法技巧、时间、机位、音效等。分镜头脚本在一定程度上是"可视化"影像，可以最大限度地还原创作者的初衷，所以对于有故事情节的短视频非常有用。分镜头脚本对画面有一定的要求，所以创作起来耗时、耗力。分镜头脚本的作用主要表现在：一是前期拍摄的脚本；二是后期制作的依据；三是长度和经费预算的参考。大多数短视频脚本采用的就是分镜头脚本，将拍摄时间、道具、场景、镜头、演员、台词和动作体现出来，最终形成完整的视频拍摄蓝本。

4.1.5　短视频脚本的作用

脚本对于视频拍摄来说十分重要，短视频故事尤其需要脚本。短视频故事脚本的作用主要有以下几点。

（1）明确故事主题，确定发展方向。每个短视频都有想要表达的主题，一切工作都围绕这个主题展开。而脚本就是以这个主题搭建框架的，对故事的发展、主题的表现起着指导的作用。确定主题和方向后再进一步细化，当时间、地点、人物、过程、结果、情节和冲突设定完成，故事也就有了一个大致的框架，在拍摄和剪辑时，只要根据这个框架执行就可以了。

（2）提高短视频拍摄的效率与质量。脚本确定以后，机位、景别、画面内容等随之确定，这样一来，拍摄和剪辑过程会更顺利，也有利于提高短视频的质量。如果脚本没有确定，那么只能一边拍摄，一边构思剧情，很可能在拍摄结束后才发现拍摄逻辑和剧情逻辑的问题。后期剪辑只有按照脚本进行，才能原汁原味地展现故事内容。如果不依据脚本进行剪辑，那么会掺杂剪辑师的主观想法，就会偏离故事的初衷。

（3）有利于细节的记录与补充。俗话说："细节决定成败"。一个短视频的好坏的关键在于细节是否真实，能否打动人心。细节最大的作用就是增强观看者的代入感，调动气氛，感染情绪。通过这些细节刻画，人物才能更加生动饱满。当确定了细节内容之后，就要考虑用什么样的镜头来展现，这些都是通过脚本的具体描述完成的。

镜号	镜头灯光【机位】	景别	内容	台词解说	时长	画面特效字幕【转场方式】【剪辑内容】	备注
2	30°俯	近景	用杯子泡干枸杞	要么泡水	2S		
3	30°俯	近景	把枸杞撒进汤里面	要么炖汤	2S		
4	微俯	中景	两者同时出现在镜头里面，小美一手指着一个解释。	但干枸杞无论怎么吃都只能利用它养分的2.03%	4S		
5	微俯	中景	把枸杞原浆拿出来	鲜果又不容易保存，所以就有了它的存在	3S	红字部分再拿出枸杞原浆	
6	微俯	中景	外观展示	枸杞原浆=鲜榨枸杞鲜果	3S		
7	微俯	近景	拆开盒子、取出一瓶	枸杞鲜果没有晾晒、烘干、浸泡的过程，营养成分更完整	5S		
8	微俯			榨成汁之后也更容易吸收	3S		
9	微仰	特写	枸杞汁盒子特写和瓶子的特写	它还含有丰富的枸杞多糖，类胡萝卜素，甜菜碱等功能性成分，能够促进代谢、降血糖和血脂等功能	7S		
10	微俯	近景	桌面上放着单瓶的枸杞汁和盒装的枸杞汁，小美讲解。	女生可以美白皮肤，上班族可以缓解眼部疲劳	4S		
11	微俯	中景	把枸杞倒进器皿里	无	2S		
12	45°俯	特写	用勺子舀起一勺尝	很浓郁，像同时嚼碎了很多枸杞，前味儿发甜，后味儿发酸	4S		
13	微俯	近景	搅拌枸杞汁的细节	不过喝第一口还是需要勇气的	3S		
14	水平转微俯	近景转中景	单独把一瓶递向镜头	一天一瓶足够了	2S		
15	微俯	中景	把喝好之后的瓶子拿在手上	枸杞属于温补，喝多了会上火	3S		
16	微俯	中景	可以找到这两种道具最好	生活不止眼前的枸杞，还有霸王洗发水和保温杯	5S		
17	微俯	中景	结束语	中年危机步步紧逼，不妨试一试	3S		
共计：55S							

图 4-12 脚本示例

4.1.6 短视频脚本的要点

短视频脚本是拍摄的依据，所有涉及拍摄的工作都要围绕着脚本进行。一个优秀的故事脚本能让拍摄事半功倍，所以在构思、编写短视频脚本时需要注意以下要点。

（1）内容，包含短视频所表达的核心思想与故事的情节。核心思想，例如亲情、友情、爱情等，在写短视频脚本前，需要先定一个大的方向，确定故事主题，建立框架。故事的情节，就是主要矛盾的发生、发展和解决的过程，贯穿于整个短视频，是最大的看点。

（2）景别，是指由于拍摄设备与被摄对象的距离不同，而造成被摄对象在拍摄设备中所呈现出的范围大小的不同。这里也包含了镜头的运动方式，如从近到远、平移推进、旋转推进等。景别对于剧情的表达十分重要，在短视频脚本中确定各个镜头的景别，对于拍摄的速度、效果都有积极作用。

（3）场景，短视频通常是通过场景呈现想要表达的东西。而编写脚本时需拆解剧本，就是要把内容拆分在每一个场景里面。例如，在脚本中梳理短视频的拍摄场景，能够提前确定拍摄顺序，在拍摄时对同一个场景中的内容集中拍摄，有利于提高效率，节省人力、物力、财力。

（4）台词，是戏剧表演中角色所说的话，用以展示剧情、刻画人物、体现主题，也是为镜头表达而准备的,起到提炼的作用。通常一个 60 秒的短视频,台词不要超过 180 个字,否则听起来会特别累。

(5)时长,短视频最大的特点是"短",因此短视频脚本要特别重视对时间的把控。这里的时长是指一个镜头的时间长度。提前标注清楚每个镜头的时间,方便后期剪辑时,能快速地找到重点,提高剪辑的工作效率。

此外,由于短视频大多通过手机播放,对画幅有一定的限制,所以脚本编写时应多运用近景和特写镜头,场景不要过于复杂,镜头也不要过渡富于变化,目的在于提升观看舒适度。

大众观看短视频大多利用碎片时间,因此如果故事情节平淡,人们看过之后就会忘记。只有多次运用反转增强戏剧冲突,才能给观看者留下深刻的印象,从而获得更多的点赞、关注、互动。

4.1.7 短视频脚本结尾的写作方法

如果是写一篇文章,结尾部分需要扣题,即总结文章内容、提升文章的中心思想。短视频脚本写作也一样,短视频的结尾部分要提炼内容,升华主题,吸引观看者的注意力,以使其留下深刻的印象。短视频脚本结尾极其重要,通常有以下几种写作技巧可以借鉴。

(1)像传统评书一样,给下一集留下悬念。虽然短视频的开头也设置了悬念,但作用是吸引观看者看完短视频,而结尾的悬念是吸引观看者看下一集短视频,从而形成长期、持续的关注。

(2)开放式的结尾,有利于进行互动。结尾可采用疑问句、设问句、反问句的形式,一个简单的问句会引起许多观看者的留言和评论。

(3)利用结尾表明观点,总结提炼引起关注。短视频结尾以图形或视频形式进行总结性论述,引起观看者的共鸣,增强其对短视频账号的印象,吸引其关注。

4.2 短视频中光影的运用

光影是一种造型元素,它可以运用于摄影、摄像等多种艺术创作当中,是视频拍摄中的重要环节,影响着人物形象的塑造和整个视频的气氛和情感基调,并且对视觉效果具有巨大的影响。

图 4-13 光影效果

4.2.1　光影的重要性

光影运用得是否恰当,是评价一部视频作品的关键因素之一。光线不仅是视觉元素,起到照明作用,是完成曝光工作的基础,还是视频画面创作中的一种符号。控制亮度与阴影的区间能营造一些特殊气氛。光影的重要性不仅表现在刻画画面、表达叙事中,在艺术范畴中还表现在其所具备的无法代替的塑造能力和艺术表现能力。

(1)在短视频作品中光影的首要任务是塑造角色,在这方面,它起着关键性的作用。一方面是对人物的造型,例如丰碑式顶光效应下人物与环境的对位,构成了时代与人物命运不相融合的历史悲歌;另一方面是对空间的造型,简单地在后方增添光线就可以帮助完成构图,起到刻画环境特点的作用。

(2)光影能够呈现出人物的性格。人物的静与动是最基本的形态,动与静的状态不同,人物身上光线所呈现的变化也不同。光影不仅塑造了人物的外在形象,还揭示了人物的内心世界,这样的表现技巧是剧情发展的依据和动力,通过对画面反差的把握来控制影片基调,表现阴郁、明朗、沉闷等不同的情绪。例如在人物身上添加不同明暗、不同对比度的光线来揭示人物内心的变化。

(3)光影可以营造场景气氛。通过光影的变化,观看者能够感受、了解到视频画面表达的内容。例如根据故事的发展,光影不停变换,给了画面生动的表达方式。在有限的画面中展现无穷的空间环境是光线运用的极致体现,光线既能丰富镜头中的画面效果又能引申出剧情,从而更好地营造画面气氛。

图 4-14　光影在短视频中的应用

4.2.2　光位

短视频的拍摄无时无刻不与光影打交道。如果想要获得理想的光影效果,必须熟悉光影的方位。在拍摄过程中,不同方向的光线会呈现出不同的视觉效果,按照光影的投射方向区分,包括顺光、侧光、逆光、顶光与脚光等。

(1)顺光,也叫正面光,指光从正面直接照射到被摄对象,能够使被摄对象的表面受光均匀,暗调较少,影调比较柔和,能较好地还原色彩,但看不到由明到暗的变化和明暗反差,不利于表现被摄对象的立体感和质感。虽然这种光线拍起来较平淡,却是人物摄影中最常用的光线,它可以消除细微的阴影,掩饰皱纹和瑕疵。若把光源向上移一些,下巴、鼻子等下方会出现一些阴影,这样可以增强人物面部的立体感。

图 4-15　光位效果图

　　(2)侧光,光源来自被摄对象的侧面,与摄像设备的镜头方向形成一定的角度。这种光线可以使被摄对象产生强烈的明暗对比与反差,凸显立体感与质感,阴影部分富有表现力,结构十分明显,每一个细小的凸起处都会产生明显的阴影。在人物摄影中,常用侧光来表现人物的特定情绪,有时侧光也被用作装饰光,突出表现某一局部或细部。侧光又分为顺侧光与正侧光。顺侧光下,通常光源与摄像设备的镜头方向形成 45 度左右的夹角。在人物摄影中,理想的顺侧光效果,是使被摄对象达到三分之二明亮、三分之一阴影的光影比例。正侧光下,通常光源与摄像设备的镜头方向形成 90 度左右的夹角。在人物摄影中,如果采用正侧光,加入没有其他光源辅助照明,就会出现一半明亮、一半黑暗的现象。这样的光影可以增强戏剧效果,常用于刻画人物的性格或心理状态。

图 4-16　顺侧光示意图

图 4-17　正侧光示意图

（3）逆光，也叫背面光，指光从被摄对象的背后照射过来，也就是光源正对着摄像设备的镜头，因此拍摄后形成剪影效果。由于照射角度、高度的不同，逆光又可以分为正逆光和侧逆光。正逆光下，光源位于被摄对象的正后方，光源、被摄对象和摄像设备的镜头几乎在一条直线上。侧逆光下，光源位于被摄对象的侧后方，与摄像设备的镜头形成一定的角度。如果光源在被摄对象后上方或侧后上方，就会形成"高逆光"，一般会在被摄对象边缘形成轮廓光条。逆光是一种具有艺术魅力和较强表现力的光照，常用于勾勒剪影艺术效果。

图 4-18　正逆光示意图　　　　　　　　　　　图 4-19　侧逆光示意图

图 4-20　高逆光示意图

（4）顶光，指光从被摄对象的顶部投射下来，光源与摄像设备的镜头呈 90 度左右的垂直角度。如果是拍摄人物，在这种光线下，人物的头顶、前额、鼻头会很亮，下眼窝、两腮和鼻子下面完全处于阴影之中，造成一种反常、奇特的效果。所以通常拍摄人物时，都避免使用这种光位。顶光可以表现头发细节，用于反映人物的特殊精神面貌，如憔悴、缺少活力的状态。

（5）脚光，也叫底光，指光从被摄对象底部投射上来，与顶光完全相反，并不是常见的光影效果。脚光能把下巴、鼻子下面等处充分照亮，在视觉效果上会给人一种神秘、阴森、诡异的感觉,常用于烘托神秘、古怪的气氛。脚光是舞台常用的布光手法,拍摄出来的照片主体会比较突兀,并呈现出深黑背景。

图 4-21　顶光示意图

图 4-22　脚光示意图

4.2.3　光型

光型指各种光线在拍摄过程中所起的作用,一般可分为主光、辅助光、轮廓光、模拟光、修饰光等。

(1)主光,也叫塑形光,在显示景物、表现质感、塑造形象和营造明暗效果时,担负着主要照明的功能。不论主光的方向如何,其都应在光影效果中占据主导地位。主光的处理效果直接影响画面的基调风格与光影结构。顺光、侧光均可当作主光使用,拍摄短视频时要先考虑被摄对象的质感和影调,再对主光进行设置。

(2)辅助光,也叫补光,用以提亮由主光产生的阴影部分,减少生硬粗糙的阴影,提升阴影部分的细节与造型表现力,降低受光面和背光面的反差。在拍摄短视频时,辅助光的光源通常被放在摄像设备的两侧,亮度要低于主光,否则就会破坏主光的造型效果,导致被摄对象出现双影,缺乏立体感。

（3）轮廓光也叫背景光,指能够勾画被摄对象轮廓的光线,例如逆光。轮廓光通常采用硬朗的直射光,使被摄对象边缘形成明亮的轮廓,增强画面的空间深度感,突出主体。由于轮廓光有时会直对摄像设备,所以要防止画面出现眩光,使视频质量下降。

（4）模拟光,又称效果光,用以模拟现场光线效果,照亮被摄对象所处的环境与背景,消除被摄对象的投影,烘托被摄对象。模拟光的亮度决定了画面的基调,能够营造环境光影效果。

（5）修饰光,又称装饰光,指在被摄对象的局部形成的特有光线,如金属反射光、宝石的耀斑光等。

4.2.4　光质

光质是指拍摄所用光线的软硬性质,可分为硬质光和软质光。

硬质光是强烈的直射光,光束狭窄的比光束宽广的通常要硬些。例如,晴天的阳光、聚光的灯光等就是一种硬质光。在硬质光的照射下,被摄对象的受光面与投影非常鲜明,明暗反差较大,对比效果明显,有助于表现受光面的细节及质感,力度与活力等艺术效果。在拍摄短视频时,硬质光适合表现被摄对象粗糙的表面质感,可以使被摄对象形成清晰的轮廓形态。

软质光是一种漫反射性质的光,没有明确的方向性,在被摄对象上不留明显的阴影。例如,大雾中的阳光、泛光灯光源等就是一种软质光。软质光的特点是光线柔和,强度均匀,光比较小,形成的影像反差不大,被摄物件的主体感和质感不明显,用于揭示物体的外形、形状和色彩。软质光能够将被摄对象的细腻且丰富的质感和层次表现出来,但对被摄对象的立体感表现不足,而且画面中的色彩比较灰暗。在拍摄短视频时,可以在画面中制造一些亮调或颜色鲜艳的视觉兴趣点,使画面效果更加生动。

图 4-23　硬质光示意图

图 4-24　软质光示意图

4.2.5　光比

光比是摄像中的重要参数之一,指光影明暗的反差效果,由画面中的亮部与暗部的比例决定,也叫光差。光比最大的意义是对画面明暗反差的控制。硬调即高反差,画面视觉显得刚强有力、质感坚硬,细节上更具层次感、立体感;软调即低反差,画面视觉柔和平缓,画面中间灰度值多,照片显得偏灰,暗部过渡柔和,适合拍摄平静的照片。

当光比均匀,近似于1∶1时,亮部和暗部没有明显的过曝和欠曝,画面趋于中间灰度值。一般情况下光比超过1∶8就是大光比场景,适合拍摄硬调的画面,光比低于1∶8适合拍摄软调的画面。

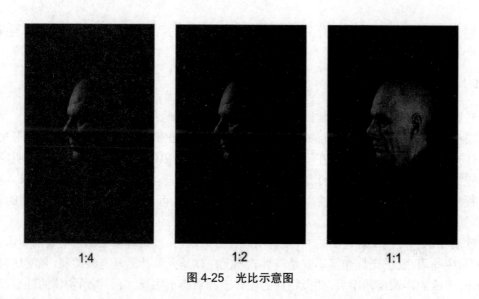

图 4-25　光比示意图

4.2.6　光色

光色是指光源的颜色或者数种光源综合形成的被摄环境的光色成分,也叫色温。光色决定了光的冷暖感,能引起许多感情上的联想。光色的意义表现在彩色拍摄中,可以决定画面的总色调倾向,对表现主题帮助较大,如红色表示热烈,黄色表示高贵,白色表示纯洁等。光色是光学里一种以K(kevin)为计算单位表示光颜色的数值,生活中一般接触到的光色是2700 K~6500 K,工业照明和特殊领域会使用超过7000 K光色的光源照明。

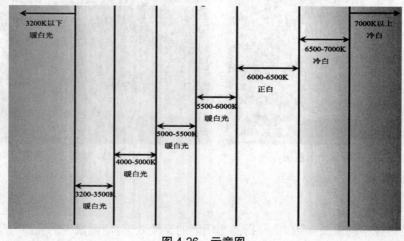

图 4-26　示意图

4.2.7　三点灯光

　　三点灯光也叫三点照明,一般用于较小范围的场景照明。如果场景很大,可以把它拆分成若干个较小的区域进行布光。三点灯光一般有三盏灯即可,分别为主光、辅助光与轮廓光。在布置三点灯光时需要注意,首先要确定拍摄对象的位置,再确定灯光位置;灯光摆放要恰到好处,灯光数量并非越多越好,数量过多反而会破坏光影效果;灯光摆放过程中要由简到繁,先整体再局部;光影效果一定要有明暗关系和层次感,不能所有灯光设置都一概而论。

　　三点灯光具有变化丰富、灵活易学的特点,在人物的拍摄中运用非常广泛。三点灯光来自三个光源,即主光、辅助光以及轮廓光。主光决定画面的基调,是第一个需要摆放的照明设备,主光通常放置在人物侧边与人物呈 45—90 度角,并且高于人物头部与人物头部垂直方向呈 45 度角,目的是让鼻子的影子投射在脸颊上,留下一个倒三角形光斑,使得人物脸部更具立体感。辅助光用于照亮主光造成的阴影区域。辅助光会比主光更柔和且亮度更低,目的是在不产生额外阴影的前提下,让位于阴影处的脸部更加凸显。主光和辅助光的光比决定着画面影调的反差,所以控制两者的光比十分重要。它们之间没有固定数值,通常光比为 2∶1 或 4∶1。轮廓光投射在人物头部或肩部边缘,可以使人物相对背景更加突出。轮廓光的位置通常放置在人物后侧方,或与主光大致相对的位置,经过柔化后较自然的轮廓光不易被察觉,而较亮的轮廓光则具有艺术效果,用于渲染氛围。

　　总之,三点灯光法是一种基础的布光方式,虽然不能实现所有的光影效果,但是这种方式能获得平稳、干净的画面,是一种通用的布光方法。

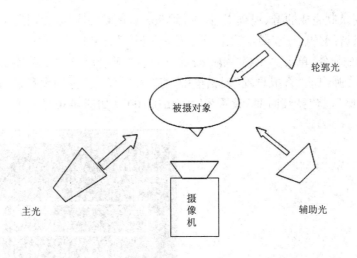

图 4-27　三点灯光法

4.3　博客短视频的制作流程

　　博客短视频类似于个人的宣传片,创作者通过拍摄视频来记录生活中的方方面面,表达人生态度,阐述思想理念。现在较流行的就是 Vlog 视频博客的形式,简单地说,就是利用视频方式书写日记。创作者会用拍视频的方式把自己的日常生活或感悟记录下来,然后通过剪辑,再配合音乐、特效等各种方法,将其制作成具有个人特色的视频日记。在制作 Vlog 视频的时候,最重要的是将视频与个人属性相结合。一个 Vlog 视频能获得粉丝的认可与追捧,大多是因为受到 Vlog 视频创作者人格魅力的感染。Vlog 的人格化特征主要来自视频中展现或分享的生活理念、审美标准、文化内涵等,使得其内容具有强烈的个人色彩,观看者容易产生情感共鸣,有一种微妙的陪伴感,这种更深层次的互动是其他短视频形式难以比拟和模仿的,相信不久后 Vlog 视频博客必定成为主流的短视频形式之一。

图 4-28　示意图

下面将利用录制完成的音、视频素材,进行 Vlog 短视频的制作,使用所学习过的相关视频软件,对素材进行剪辑合成,最终输出一个关于"花语"的 Vlog 短视频。

(1)打开 AE 软件,单击菜单栏中的"合成",选择"新建合成"(如图 4-29 所示)或按快捷键"Ctrl+N",在弹出的"合成设置"对话框中,将"宽度、高度"分别设置为"1280、720",不勾选"锁定长宽比",将"持续时间"设置为"0:00:03:00"(如图 4-30 所示)。

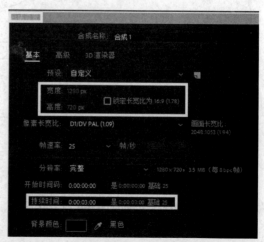

合成(C)	图层(L)	效果(T)	动画(A)	视图(V)	窗口	帮助(H)
新建合成(C)...				Ctrl+N		

图 4-29　新建合成　　　　　　　　　　图 4-30　合成设置

（2）选择"横排文字工具"，在"合成面板"中创建文字"花毛莨"（如图 4-31 所示）。在"字符面板"中，字体选择"方正兰亭特黑简体"，颜色设置为"FFFFFF"，大小设置为"100"（如图 4-32 所示）。

图 4-31　创建文字

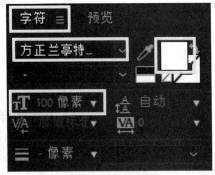

图 4-32　字符面板

（3）单击菜单栏中的"效果"，选择"生成"→"梯度渐变"命令（如图 4-33 所示），在"效果控件面板"的"梯度渐变"中，将"渐变起点"设置为"738、280"、"起始颜色"设置为"EC1B1B"、"渐变终点"设置为"456、402"、"结束颜色"设置为"DEFF00"（如图 4-34 所示）。

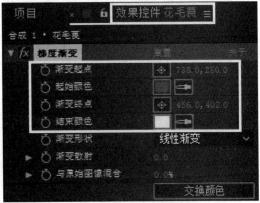

图 4-33　梯度渐变

图 4-34　效果控件

（4）单击菜单栏中的"效果"，选择"模拟"→"CC Pixel Polly"命令（如图 4-35 所示），，在"效果控件面板"的"梯度渐变"中，"Force"控制破碎的强度，数值越大，破碎效果越强烈；数值越小，碎片的效果越不明显；"Force Center"控制强度中心位置，默认是中心位置，若将它调整到左边，破碎点就会在左边，即从左边开始破碎效果；"Gravity"控制重力，也就是碎片下落重力，数值越大，下落的速度越快；"Spinning"控制单个碎片的旋转，默认的碎片是平铺的，调整这个旋转数值之后会更有立体感；"Direction Randomness"控制碎片飘散方向的随机程度；"Speed Randomness"控制碎片飘散速度的随机程度；"Grid Spacing"控制网格破碎的大小，网格越大，切割的碎片也越大，碎片数就越少；"Object"代表目标物体，可选择碎片的形状以及材质；"Start Time"设置开始破碎的时间点，默认是 0，代表一开始就产生破碎效果，如果开始时间为 1，就是从 1 秒的时候开始破碎。将"Gravity"设置为"0.1"、"Force

Center"设置为"452、376"、"Direction Randomness"设置为"20"、"Speed Randomness"设置为"30"、"Grid Spacing"设置为"4","Object"选择"Textured Square",将"Start Time"设置为"1"(如图4-36所示)。

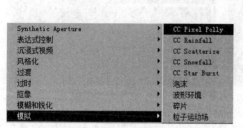

图4-35　CC Pixel Polly 命令

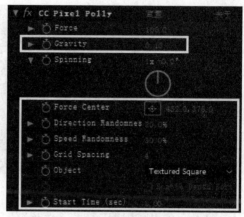

图4-36　调节属性

(5)在"合成1面板"中选择"花毛茛"层(如图4-37所示),单击菜单栏中的"编辑",选择"重复"命令(如图4-38所示)或按快捷键"Ctrl+D"。

图4-37　合成1面板

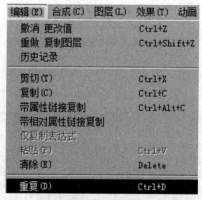

图4-38　重复

(6)在"合成1面板"中出现"花毛茛2"层(如图4-39所示),将"花毛茛2"层拖至"花毛茛"层的下方(如图4-40所示)。

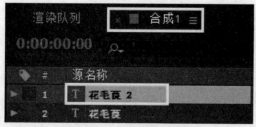

图4-39　重复花毛茛层

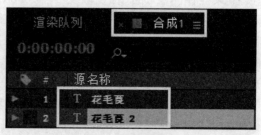

图4-40　拖动图层

（7）在"效果控件面板"的"CC Pixel Polly"中，将"Gravity"设置为"0.3"、"Direction Randomness"设置为"30"、"Speed Randomness"设置为"45"、"Grid Spacing"设置为"2"（如图 4-41 所示），在"合成 1"中预览效果（如图 4-42 所示）。

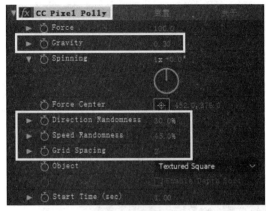

图 4-41　调节属性

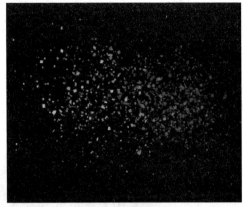

图 4-42　预览效果

（8）单击菜单栏中的"合成"，选择"添加到渲染队列"命令（如图 4-43 所示）或按快捷键"Ctrl+M"，在"渲染队列面板"中选择"输出模块""无损"（如图 4-44 所示）。

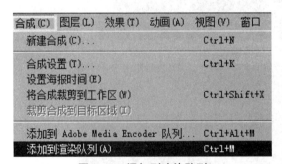

图 4-43　添加到渲染队列

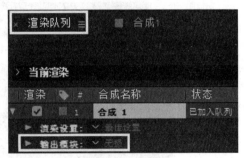

图 4-44　无损

（9）在"输出模块设置"对话框的"格式"中选择"Quick Time"（如图 4-45 所示），单击"格式选项"，在弹出的"Quick Time 选项"对话框的"视频编解码器"中选择"PNG"（如图 4-46 所示）。

图 4-45　输出模块设置

图 4-46　视频编解码器

（10）在"输出模块设置"对话框的"视频输出"下的"通道"中选择"RGB+Alpha"（如图 4-47 所示），在"渲染队列面板"中，将"输出到"设置为"合成 1.mov"，设置输出路径，同时修改名称"花毛茛"（如图 4-48 所示）。

图 4-47　视频输出

图 4-48　输出到

（11）对此文件进行保存，同时渲染出一个带有"Alpha"通道的视频文件（如图 4-49 所示）。按照以上流程制作出"兰花""莲花""梅花""雏菊""风信子""羽扇豆""五星花"等文字（如图 4-50 所示）。

图 4-49　视频文件　　　　　　　　　　　　　　图 4-50　文字

（12）打开 PR 软件，在弹出的"新建项目"对话框中，创建"名称"为"博客短视频"的项目（如图 4-51 所示），单击菜单栏中的"文件"，选择"新建"→"序列"命令（如图 4-52 所示）或按快捷键"Ctrl+N"。

图 4-51　名称

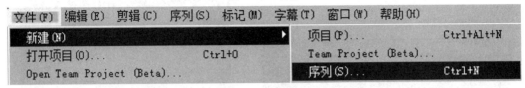

图 4-52　序列

（13）在弹出的"新建序列"对话框中选择"设置"，"编辑模式"选择"自定义"，将"帧大小"设置为"1280（水平）、720（垂直）"（如图 4-53 所示）。在"项目面板"中单击鼠标右键，选择"新建项目"→"通用倒计时片头"命令（如图 4-54 所示）。

图 4-53　新建序列

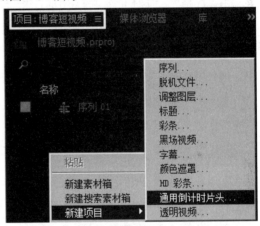

图 4-54　通用倒计时片头

（14）在弹出的"通用倒计时片头"对话框中使用默认设置（如图 4-55 所示），在弹出的"通用倒计时设置"对话框中继续使用默认设置（如图 4-56 所示）。

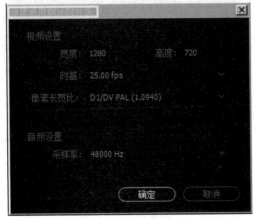

图 4-55　对话框

图 4-56　通用倒计时设置

（15）按照"通用倒计时片头""车内拍 1""车内拍 2""车内拍 3""俯拍车 1""俯拍车 2""俯拍车 3""落基山脉""克里米亚山""向日葵""成长 1""成长 2""成长 3""花毛茛""雏菊""风信子""兰花""莲花""梅花""五星花""羽扇豆""森林"顺序，将全部素材导入到"项目面板"中。若将素材拖至"时间线面板"时出现编辑不匹配警告，单击"保持现有设置"（如图 4-57 所示），双击素材拖动控制点，将不匹配的素材放大至与序列一致即可（如图 4-58 所示）。

图 4-57　编辑不匹配警告

图 4-58　放大不匹配素材

（16）选择"车内拍 1"素材，将"时间指针"分别拖至"00：00：15：00""00：00：17：00"位置，使用"剃刀工具"进行剪切（如图 4-59 所示），保留"车内拍 1"素材中间部分，删除素材前后部分（如图 4-60 所示）。

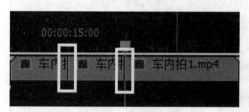

图 4-59　时间指针

图 4-60　保留素材

（17）选择"车内拍 2"素材，将"时间指针"分别拖至"00：00：28：00""00：00：31：00"位置，使用"剃刀工具"进行剪切（如图 4-61 所示），保留"车内拍 2"素材中间部分，删除素材前后部分（如图 4-62 所示）。

图 4-61　时间指针

图 4-62　保留素材

（18）选择"车内拍 3"素材，将"时间指针"分别拖至"00：00：38：00""00：00：41：00"位置，使用"剃刀工具"进行剪切（如图 4-63 所示），保留"车内拍 3"素材中间部分，删除素材前后部分（如图 4-64 所示）。

图 4-63　时间指针

图 4-64　保留素材

（19）选择"俯拍车 1"素材，将"时间指针"分别拖至"00：00：53：00""00：00：56：00"位置，使用"剃刀工具"进行剪切（如图 4-65 所示），保留"俯拍车 1"素材中间部分，删除素材前后部分（如图 4-66 所示）。

图 4-65　时间指针

图 4-66　保留素材

（20）选择"俯拍车 2"素材，将"时间指针"分别拖至"00：01：02：00""00：01：04：00"位置，使用"剃刀工具"进行剪切（如图 4-67 所示），保留"俯拍车 2"素材中间部分，删除素材前后部分（如图 4-68 所示）。

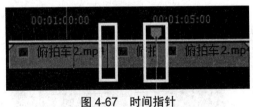

图 4-67　时间指针

图 4-68　保留素材

（21）选择"俯拍车 3"素材，将"时间指针"分别拖至"00：01：27：00""00：01：30：00"位置，使用"剃刀工具"进行剪切（如图 4-69 所示），保留"俯拍车 3"素材中间部分，删除素材前后部分（如图 4-70 所示）。

图 4-69　时间指针

图 4-70　保留素材

（22）选择"落基山脉"素材，将"时间指针"分别拖至"00：01：57：00""00：01：59：00"位置，使用"剃刀工具"进行剪切（如图 4-71 所示），保留"落基山脉"素材中间部分，删除素材前后部分（如图 4-72 所示）。

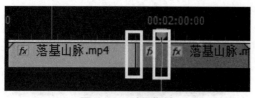

图 4-71　时间指针

图 4-72　保留素材

（23）选择"克里米亚山"素材，将"时间指针"分别拖至"00：02：10：00""00：02：13：00"位置，使用"剃刀工具"进行剪切（如图 4-73 所示），保留"克里米亚山"素材中间部分，删除素材前后部分（如图 4-74 所示）。

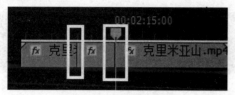

图 4-73　时间指针

图 4-74　保留素材

（24）选择"向日葵"素材，将"时间指针"分别拖至"00：02：26：00""00：02：30：00"位置，使用"剃刀工具"进行剪切（如图 4-75 所示），保留"向日葵"素材中间部分，删除素材前后部分（如图 4-76 所示）。

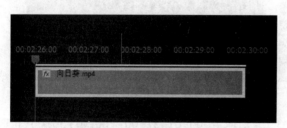

图 4-75　时间指针

图 4-76　保留素材

（25）选择"成长 1"素材，将"时间指针"分别拖至"00：02：34：00""00：02：36：00"位置，使用"剃刀工具"进行剪切（如图 4-77 所示），保留"成长 1"素材中间部分，删除素材前后部分（如图 4-78 所示）。

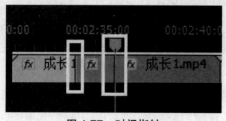

图 4-77　时间指针

图 4-78　保留素材

（26）选择"成长 2"素材，将"时间指针"分别拖至"00：03：20：00""00：03：22：00"位置，使用"剃刀工具"进行剪切（如图 4-79 所示），保留"成长 2"素材中间部分，删除素材前后部分（如图 4-80 所示）。

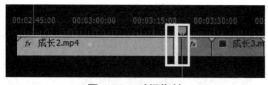

图 4-79　时间指针

图 4-80　保留素材

（27）选择"成长 3"素材，将"时间指针"分别拖至"00：03：32：00""00：03：34：00"位置，使用"剃刀工具"进行剪切（如图 4-81 所示），保留"成长 3"素材中间部分，删除素材前后部分（如图 4-82 所示）。

图 4-81　时间指针

图 4-82　保留素材

（28）选择"花毛茛"素材，将"时间指针"分别拖至"00：04：00：00""00：04：03：00"位置，使用"剃刀工具"进行剪切（如图 4-83 所示），保留"花毛茛"素材中间部分，删除素材前后（如图 4-84 所示）。

图 4-83　时间指针

图 4-84　保留素材

（29）选择"雏菊"素材，将"时间指针"分别拖至"00：04：20：00""00：04：23：00"位置，使用"剃刀工具"进行剪切（如图 4-85 所示），保留"雏菊"素材中间部分，删除素材前后部分（如图 4-86 所示）。

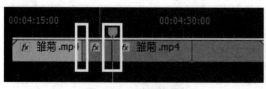

图 4-85　时间指针

图 4-86　保留素材

（30）选择"风信子"素材，将"时间指针"分别拖至"00：04：40：00""00：04：43：00"位置，使用"剃刀工具"进行剪切（如图 4-87 所示），保留"风信子"素材中间部分，删除素材前后部分（如图 4-88 所示）。

图 4-87　时间指针

图 4-88　保留素材

（31）选择"兰花"素材，将"时间指针"分别拖至"00：04：48：00""00：04：51：00"位置，使用"剃刀工具"进行剪切（如图 4-89 所示），保留"兰花"素材中间部分，删除素材前后部分（如图 4-90 所示）。

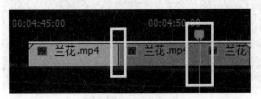

图 4-89　时间指针

图 4-90　保留素材

（32）选择"莲花"素材，将"时间指针"分别拖至"00：05：05：00""00：05：08：00"位置，使用"剃刀工具"进行剪切（如图 4-91 所示），保留"莲花"素材中间部分，删除素材前后部分（如图 4-92 所示）。

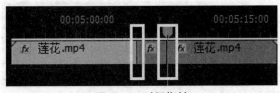

图 4-91　时间指针

图 4-92　保留素材

（33）选择"梅花"素材，将"时间指针"分别拖至"00：05：25：00""00：05：28：00"位置，使用"剃刀工具"进行剪切（如图 4-93 所示），保留"梅花"素材中间部分，删除素材前后部分（如图 4-94 所示）。

图 4-93　时间指针

图 4-94　保留素材

（34）选择"五星花"素材，将"时间指针"分别拖至"00：05：42：00""00：05：45：00"位置，使用"剃刀工具"进行剪切（如图 4-95 所示），保留"五星"素材中间部分，删除素材前后部分（如图 4-96 所示）。

图 4-95　时间指针

图 4-96　保留素材

（35）选择"羽扇豆"素材，将"时间指针"分别拖至"00：05：55：00""00：05：58：00"位置，使用"剃刀工具"进行剪切（如图 4-97 所示），保留"羽扇豆"素材中间部分，删除素材前后部分（如图 4-98 所示）。

图 4-97　时间指针

图 4-98　保留素材

（36）选择"森林"素材，将"时间指针"分别拖至"00：06：12：00""00：06：19：00"位置，使用"剃刀工具"进行剪切（如图 4-99 所示），保留"森林"素材中间部分，删除素材前后部分（如图 4-100 所示）。

图 4-99　时间指针

图 4-100　保留素材

（37）依次在素材的空白位置单击鼠标右键，选择"波纹删除"命令（如图 4-101 所示），将全部素材连接起来（如图 4-102 所示）。

图 4-101　波纹删除

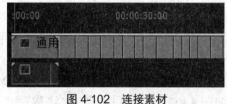

图 4-102　连接素材

（38）单击菜单栏中的"字幕"，选择"新建字幕"→"默认静态字幕"命令（如图 4-103 所示），在弹出的"新建字幕"对话框中使用默认设置，单击"确定"（如图 4-104 所示）。

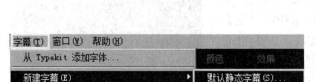

图 4-103　默认静态字幕

图 4-104　新建字幕

（39）选择"文字工具"，输入"丝路语"三个字（如图 4-105 所示），在"字幕属性"的"变换"中，将"X 位置"设置为"703.4"、"Y 位置"设置为"361"、"宽度"设置为"1004.8"、"高度"设置为"150"，"字体系列"选择"方正超粗黑繁体"将"字体大小"设置为"150"、"宽高比"设置为"100%"，"填充类型"选择"实底"，将"颜色"设置为"FFFFFF"（如图 4-106 所示）。

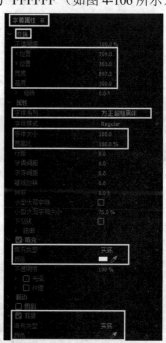

图 4-106　调节字幕属性属性

图 4-105　输入文字

（40）选择"文字工具"输入一个字"花"，在"字幕属性"的"变换"中将"X 位置"设置为"824.2"、"Y 位置"设置为"361"、"宽度"设置为"386.4"、"高度"设置为"350"，"字体系列"选择"方正苏新诗柳楷简体"，将"字体大小"设置为"350"，将"宽高比"设置为"100%"，"填充类型"选择"线性渐变"、"颜色"设置为"ED4A4A、FF0000"（如图 4-107 所示），适当调节"丝路"和"语"的位置，将"花"字放到"丝路"和"语"之间的位置（如图 4-108 所示）。

（41）选择"默认静态字幕"命令，创建新的"字幕编辑面板"，选择"文字工具"输入文字"如何让你遇见我在我最美丽的时刻"，在"字幕属性"的"变换"中，将"X 位置"设置"709"、"Y 位置"设置为"361"、"宽度"设置为"897.3"、"高度"设置为"300"，"字体系列"选择"方正超粗黑繁体"，将"字体大小"设置为"100"、"宽高比"设置为"100"，"填充类型"选择"实底"、"颜色"设置为"FFFFFF"、勾选"背景"，"填充类型"选择"实底"，将"颜色"设置为"000000"（如图 4-109 所示），观察文字效果（如图 4-110 所示）。

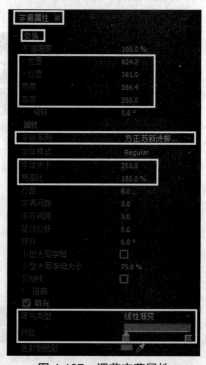

图 4-107　调节字幕属性

（42）选择"默认静态字幕"命令，创建新的"字幕编辑面板"，选择"文字工具"，输入文字"当你走近　请你细听"，在"字幕属性"的"变换"中，将"X 位置"设置为"701.3"、"Y 位置"设置为"361"、"宽度"设置为"448.7"、"高度"设置为"300"，"字体系列"选择"方正超粗黑繁体"，将"字体大小"设置为"100"、"宽高比"设置为"100%"，"填充类型"选择"实底"，将"颜色"设置为"FFFFFF"，勾选"背景"，"填充类型"选择"实底"，将"颜色"设置为"000000"（如图 4-111 所示），观察文字效果（如图 4-112 所示）。

图 4-108　字幕

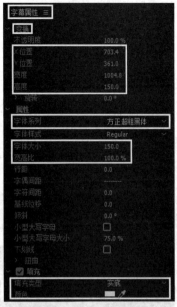

图 4-109　调节字幕属性

（43）选择"默认静态字幕"命令创建新的"字幕编辑面板"，选择"文字工具"，输入文字"那不是花瓣　是凋零的心"，在"字幕属性"的"变换"中，将"X 位置"设置为"633.8"、"Y 位置"设置为"361"、"宽度"设置为"598"、"高度"设置为"300"，"字体系列"选择"方正超粗黑繁体"，将"字体大小"设置为"100"、"宽高比"设置为"100%"，"填充类型"选择"实底"，将"颜色"设置为"FFFFFF"，勾选"背景"，"填充类型"选择"实底"，将"颜色"设置为"000000"（如图 4-113 所示），观察文字效果（如图 4-114 所示）。

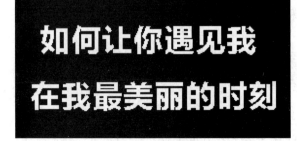

图 4-110　字幕

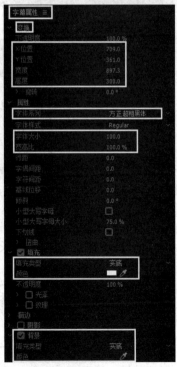

图 4-111　调节字幕属性

（44）选择"默认静态字幕"命令，创建新的"字幕编辑面板"，选择"文字工具"，输入文字"而我只愿　面朝大海　春暖花开"，在"字幕属性"的"变换"中，将"X 位置"设置为"705.1"、"Y 位置"设置为"361"、"宽度"设置为"448.7"、"高度"设置为"360"，"字体系列"选择"方正超粗黑繁体"，将"字体大小"设置为"100"、"宽高比"设置为"100%"、"行距"设置为"−35"，"填充类型"选择"实底"，将"颜色"设置为"FFFFFF"，勾选"背景"，"填充类型"选择"实底"，将"颜色"设置为"000000"（如图 4-115 所示），观察文字效果（如图 4-116 所示）。

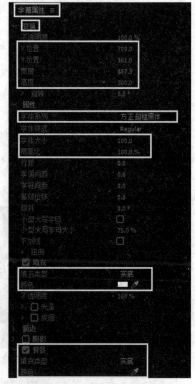

图 4-113　调节字幕属性

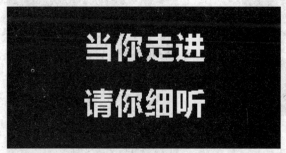

图 4-112　字幕

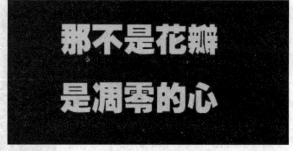

图 4-114　字幕

（45）选择素材"车内拍 1"及其后方全部素材，向后移动，留出 3 秒空白位置（如图 4-117 所示），将"字幕 01"的长度延长为 3 秒，并放置在"通用倒计时片头"与"车内拍 1"之间（如图 4-118 所示）。

（46）选择素材"车内拍 3"及其后方全部素材，向后移动，留出 4 秒空白位置（如图 4-119 所示），将"字幕 02"的长度延长为 4 秒，并放置在"车内拍 2"与"车内拍 3"之间（如图 4-120 所示）。

（47）选择素材"俯拍车 2"及其后方全部素材，向后移动，留出 2 秒空白位置（如图 4-121 所示），将"字幕 03"的长度延长为 2 秒，并放置在"俯拍车 1"与"俯拍车 2"之间（如图 4-122 所示）。

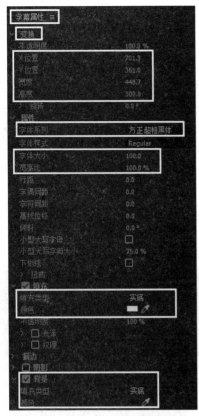

图 4-115　调节字幕属性

图 4-116　字幕

图 4-117　空白位置

图 4-118　放置字幕

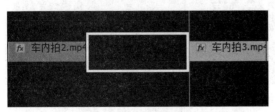

图 4-119　空白位置

图 4-120　放置字幕

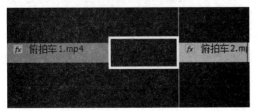

图 4-121　空白位置

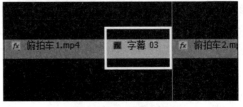

图 4-122　放置字幕

（48）选择素材"落基山脉"及其后方全部素材,向后移动,留出2秒空白位置(如图4-123所示),将"字幕04"的长度延长为2秒,并放置在"俯拍车3"与"落基山脉"之间(如图4-124所示)。

图4-123　空白位置

图4-124　放置字幕

（49）选择素材"向日葵"及其后方全部素材,向后移动,留出2秒空白位置(如图4-125所示),将"字幕05"的长度延长为2秒,并放置在"克里米亚山"与"向日葵"之间(如图4-126所示)。

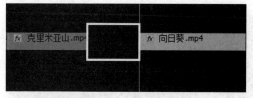

图4-125　空白位置

图4-126　放置字幕

（50）打开"效果面板"中的"视频过渡"→"溶解",选择"渐隐为黑色"效果(如图4-127所示),将"渐隐为黑色"效果分别拖动至"字幕01"的入点与出点。选择的入点位置,将"效果控件面板"中的"对齐"选择为"终点切入",再选择出点位置的"渐隐为黑色",将"效果控件面板"中的"对齐"选择为"起点切入"(如图4-128所示)。

图4-127　渐隐为黑色

图4-128　视频过渡

（51）打开"效果面板"中的"视频过渡"→"溶解",选择"渐隐为白色"与"渐隐为黑色"效果(如图4-129所示),将"渐隐为黑色"效果拖动至"字幕02"的入点,将"渐隐为白色"效果拖动至"字幕02"的出点。选择"渐隐为黑色",将"效果控件面板"中的"对齐"选择为"中心切入",再选择"渐隐为白色",将"效果控件面板"中的"对齐"选择为"起点切入"(如图4-130所示)。

图 4-129　渐隐为黑色

图 4-130　视频过渡

（52）打开"效果面板"中的"视频过渡"→"溶解"，选择"渐隐为白色"与"渐隐为黑色"效果，将"渐隐为黑色"效果拖动至"字幕 03"的入点，将"渐隐为白色"效果拖动至"字幕 03"的出点。选择"渐隐为黑色"，将"效果控件面板"中的"对齐"选择为"终点切入"（如图 4-131 所示），再选择"渐隐为白色"，将"效果控件面板"中的"对齐"选择为"中心切入"（如图 4-132 所示）。

图 4-131　终点切入

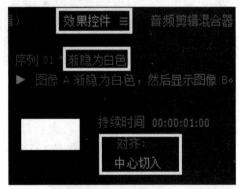

图 4-132　中心切入

（53）打开"效果面板"中的"视频过渡"→"溶解"，选择"渐隐为白色"与"渐隐为黑色"效果，将"渐隐为黑色"效果拖动至"字幕 04"的入点，将"渐隐为白色"效果拖动至"字幕 04"的出点。选择"渐隐为黑色"，将"效果控件面板"中的"对齐"选择为"终点切入"（如图 4-133 所示），再选择"渐隐为白色"，将"效果控件面板"中的"对齐"选择为"中心切入"（如图 4-134 所示）。

（54）打开"效果面板"中的"视频过渡"→"溶解"，选择"渐隐为白色"与"渐隐为黑色"效果，将"渐隐为黑色"效果拖动至"字幕 05"的入点，将"渐隐为白色"效果拖动至"字幕 05"的出点。选择"渐隐为黑色"，将"效果控件面板"中的"对齐"选择为"中心切入"（如图 4-135 所示），再选择"渐隐为白色"，将"效果控件面板"中的"对齐"选择为"起点切入"（如图 4-136 所示）。

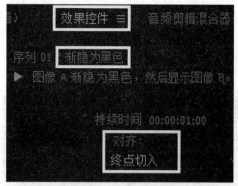

图 4-133　终点切入

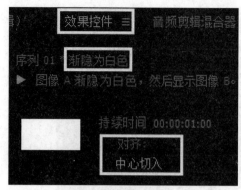

图 4-134　中心切入

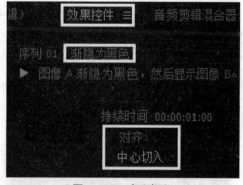

图 4-135　中心切入

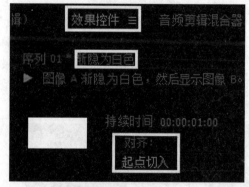

图 4-136　起点切入

（55）打开"效果面板"中的"视频过渡"→"溶解"，选择"交叉溶解"效果（如图 4-137 所示），将"交叉溶解"效果分别拖至"成长 1"与"成长 2"之间、"成长 2"与"成长 3"之间、"成长 3"与"成长 4"之间（如图 4-138 所示）。

图 4-137　交叉溶解

图 4-138　添加交叉溶解效果

（56）打开"效果面板"中的"视频过渡"→"溶解"，选择"叠加溶解"效果（如图 4-139 所示），将"叠加溶解"效果分别拖至"成长 4"与"花毛茛"之间、"花毛茛"与"雏菊"之间、"雏菊"与"风信子"之间、"风信子"与"兰花"之间、"兰花"与"莲花"之间、"莲花"与"梅花"之间、"梅花"与"五星花"之间、"五星花"与"羽扇豆"之间（如图 4-140 所示）。

图 4-139　叠加溶解

图 4-140　添加叠加溶解效果

（57）将素材"花毛茛文字""雏菊文字""风信子文字""兰花文字""莲花文字""梅花文字""五星花文字""羽扇豆文字"导入"项目面板"。将"时间指针"拖至"00：00：58：00"位置，把素材"花毛茛文字"拖至"视频轨道 2"之中并与"时间指针"对齐（如图 4-141 所示）。在"效果控件面板"中将"花毛茛文字"的"视频效果"下的"运动"的"位置"设置为"308、128"、"缩放"设置为"150"（如图 4-142 所示）。

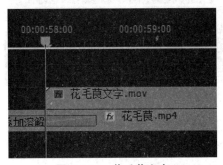

图 4-141　花毛茛文字

图 4-142　花毛茛属性

（58）将"时间指针"拖至"00：01：01：00"位置，把素材"雏菊文字"拖至"视频轨道 2"之中并与"时间指针"对齐（如图 4-143 所示），在"效果控件面板"中将"雏菊文字"的"运动"的"位置"设置为"308、128"、"缩放"设置为"150"（如图 4-144 所示）。

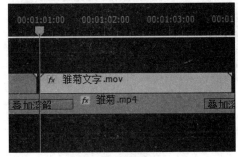

图 4-143　雏菊文字

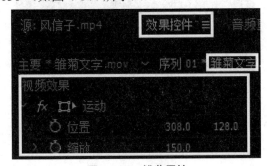

图 4-144　雏菊属性

（59）将"时间指针"拖至"00：01：04：00"位置，把素材"风信子文字"拖至"视频轨道 2"之中并与"时间指针"对齐（如图 4-145 所示），在"效果控件面板"中将"风信子文字"的"运动"的"位置"设置为"308、128"、"缩放"设置为"150"（如图 4-146 所示）。

图 4-145　风信子文字

图 4-146　风信子属性

（60）将"时间指针"拖至"00：01：07：00"位置，把素材"兰花文字"拖至"视频轨道 2"之中并与"时间指针"对齐（如图 4-147 所示），在"效果控件面板"中将"兰花文字"的"运动"的"位置"设置为"308、128"、"缩放"设置为"150"（如图 4-148 所示）。

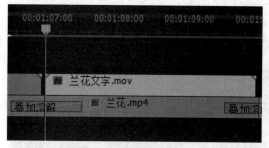

图 4-147　兰花文字

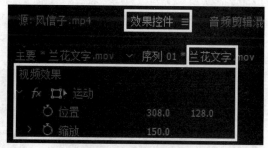

图 4-148　兰花属性

（61）将"时间指针"拖至"00：01：10：00"位置，把素材"莲花文字"拖至"视频轨道 2"之中并与"时间指针"对齐（如图 4-149 所示），在"效果控件面板"中将"莲花文字"的"运动"的"位置"设置为"308、128"、"缩放"设置为"150"（如图 4-150 所示）。

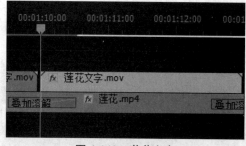

图 4-149　莲花文字

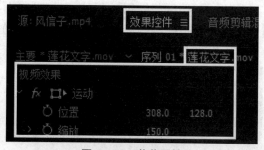

图 4-150　莲花属性

（62）将"时间指针"拖至"00：01：13：00"位置，把素材"梅花文字"拖至"视频轨道 2"之中并与"时间指针"对齐（如图 4-151 所示），在"效果控件面板"中将"梅花文字"的"运动"的"位置"设置为"308、128"、"缩放"设置为"150"（如图 4-152 所示）。

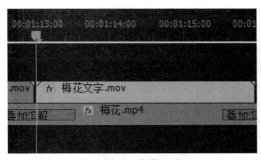

图 4-151　梅花文字

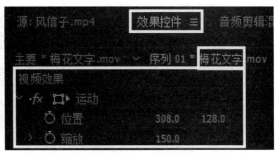

图 4-152　梅花属性

（63）将"时间指针"拖至"00：01：16：00"位置，把素材"五星花文字"拖至"视频轨道 2"之中并与"时间指针"对齐（如图 4-153 所示），在"效果控件面板"中将"五星花文字"的"运动"的"位置"设置为"308、128"、"缩放"设置为"150"（如图 4-154 所示）。

图 4-153　五星花文字

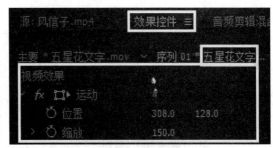

图 4-154　五星花属性

（64）将"时间指针"拖至"00：01：19：00"位置，把素材"羽扇豆文字"拖至"视频轨道 2"之中并与"时间指针"对齐（如图 4-155 所示），在"效果控件面板"中将"羽扇豆文字"的"运动"的"位置"设置为"308、128"、"缩放"设置为"150"（如图 4-156 所示）。

图 4-155　羽扇豆文字

图 4-156　羽扇豆属性

（65）打开"效果面板"中的"视频过渡"→"溶解"，选择"胶片溶解"效果，并将其拖至素材"花毛茛文字"的入点位置（如图 4-157 所示），在"效果控件面板"中将"胶片溶解"的"持续时间"设置为"00：00：00：10"（如图 4-158 所示）。

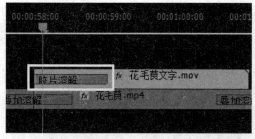

图 4-157　胶片溶解

图 4-158　持续时间

（66）选择素材"花毛茛文字"中的"胶片溶解"，单击菜单栏中的"编辑"，选择"复制"命令（如图 4-159 所示）或使用快捷键"Ctrl+C"，分别单击素材"雏菊""风信子""兰花""莲花""梅花""五星花""羽扇豆"的入点位置，选择菜单栏中的"编辑"→"粘贴"命令（如图 4-160 所示）或使用快捷键"Ctrl+V"。

编辑(E)	剪辑(C)	序列(S)	标记(M)	字幕(T)
撤消(U)				Ctrl+Z
重做(R)				Ctrl+Shift+Z
剪切(T)				Ctrl+X
复制(Y)				Ctrl+C
粘贴(P)				Ctrl+V

图 4-159　复制

编辑(E)	剪辑(C)	序列(S)	标记(M)	字幕(T)
撤消(U)				Ctrl+Z
重做(R)				Ctrl+Shift+Z
剪切(T)				Ctrl+X
复制(Y)				Ctrl+C
粘贴(P)				Ctrl+V

图 4-160　粘贴

（67）单击菜单栏中的"字幕"，选择"新建字幕"→"默认静态字幕"命令，在弹出的"新建字幕"对话框中的"名称"后输入"受欢迎"，单击"确定"（如图 4-161 所示），在"字幕属性"的"变换"中，将"不透明度"设置为"90%"、"X 位置"设置为"1045"、"Y 位置"设置为"565"、"宽度"设置为"442.6"、"高度"设置为"180"，"字体系列"选择"方正楷体拼音字库01"，"字体样式"选择"Regular"，"填充类型"选择"线性渐变"，将"颜色"设置为"73282 A、540B0 C"，勾选"外描边"，"类型"选择"深度"，将"大小"设置为"10"、"角度"设置为"25°"，"填充类型"选择"实底"，将"颜色"设置为"FFFFFF"、"不透明度"设置为"70%"，勾选"投影"（如图 4-162 所示）。

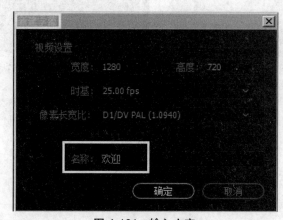

图 4-161　输入文字

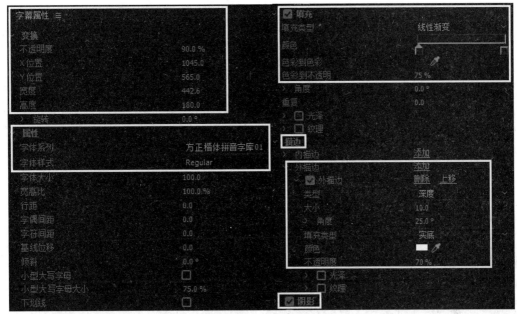

图 4-162　调节属性

（68）按照"欢迎"文字字幕的调节属性，分别创建出"快乐""生命""忠贞""纯洁""自由""梦想""高雅"等字幕。将"时间指针"拖至"00：01：01：10"位置，把"快乐"文字字幕拖至"视频轨道 3"中并与"时间指针"对齐（如图 4-163 所示）。将"时间指针"拖至"00：01：04：10"位置，把"生命"文字字幕拖至"视频轨道 3"中并与"时间指针"对齐（如图 4-164 所示）。

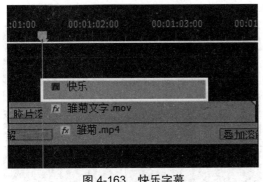

图 4-163　快乐字幕

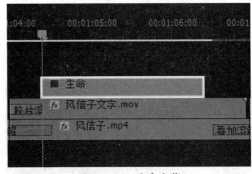

图 4-164　生命字幕

（69）将"时间指针"拖至"00：01：07：10"位置，把"高雅"文字字幕拖至"视频轨道 3"中并与"时间指针"对齐（如图 4-165 所示），将"时间指针"拖至 00：01：10：10 位置，把"纯洁"文字字幕拖至"视频轨道 3"中并与"时间指针"对齐（如图 4-166 所示）。

（70）将"时间指针"拖至"00：01：13：10"位置，把"忠贞"文字字幕拖至"视频轨道 3"中并与"时间指针"对齐（如图 4-167 所示），将"时间指针"拖至 00：01：16：10 位置，把"自由"文字字幕拖至"视频轨道 3"中并与"时间指针"对齐（如图 4-168 所示）。

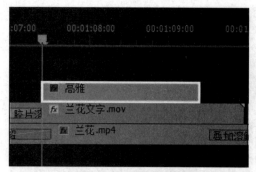

图 4-165　高雅字幕

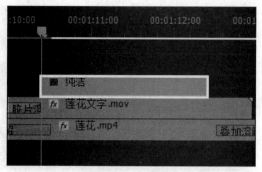

图 4-166　纯洁字幕

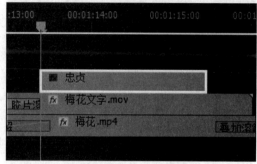

图 4-167　忠贞字幕

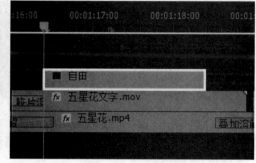

图 4-168　自由字幕

　　（71）将"时间指针"拖至"00：01：19：10"位置,把"生命"文字字幕拖至"视频轨道 3"中并与"时间指针"对齐（如图 4-169 所示）。打开"效果"面板中的"视频效果"→"风格化",选择"粗糙边缘"效果,将其拖至"欢迎"文字字幕中（如图 4-170 所示）。

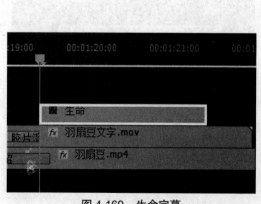

图 4-169　生命字幕

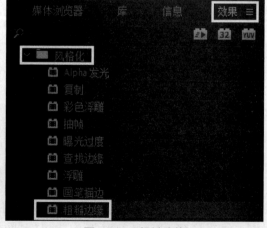

图 4-170　粗糙边缘

　　（72）将"时间指针"拖至"00：00：58：10"位置,选择"效果控件面板"中的"欢迎"的"视频效果"中的"粗糙边缘",将"边框"设置为"100"后单击"切换动画"图标（如图 4-171 所示）。将"时间指针"拖至"00：00：59：10"位置,将"边框"设置为"0"（如图 4-172 所示）。

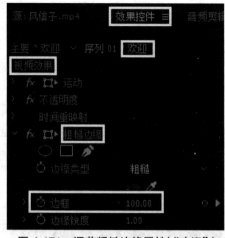

图 4-171　调节粗糙边缘属性("欢迎")

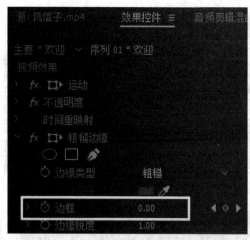

图 4-172　调节边框

　　(73)将"时间指针"拖至"00：00：59：22"位置(如图 4-173 所示),将"边框"设置为"0"。将"时间指针"拖至"00：01：00：10"位置,将"边框"设置为"100","欢迎"文字字幕消失(如图 4-174 所示)。

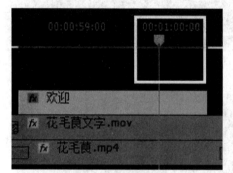

图 4-173　时间指针

图 4-174　字幕效果

　　(74)按照上述步骤,制作剩余文字字幕的"粗糙边缘"效果。将"粗糙边缘"拖至"快乐"文字字幕中。将"时间指针"拖至"00：01：01：10"位置,选择"效果控件面板"中的"快乐"的"视频效果"中的"粗糙边缘",将"边框"设置为"100"后单击"切换动画"图标(如图 4-175 所示)。将"时间指针"拖至"00：01：02：10"位置,将"边框"设置为"0"(如图 4-176 所示)。将"时间指针"拖至"00：01：02：22"位置,将"边框"设置为"0"(如图 4-177 所示)。将"时间指针"拖至"00：01：03：10"位置,将"边框"设置为"100"(如图 4-178 所示)。

　　(75)将"粗糙边缘"拖至"生命"文字字幕中。将"时间指针"拖至"00：01：04：10"位置,选择"效果控件面板"中的"生命"的"视频效果"中的"粗糙边缘",将"边框"设置为"100"后单击"切换动画"图标(如图 4-179 所示)。将"时间指针"拖至"00：01：05：10"位置,将"边框"设置为"0"(如图 4-180 所示)。将"时间指针"拖至"00：01：05：22"位置,将"边框"设置为"0"(如图 4-181 所示)。将"时间指针"拖至"00：01：06：10"位置,将"边框"设置为"100"(如图 4-182 所示)。

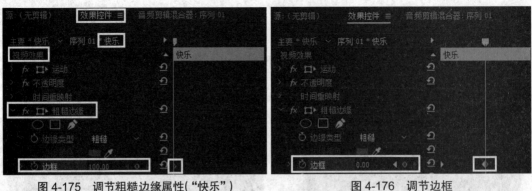

图 4-175　调节粗糙边缘属性("快乐")　　　　图 4-176　调节边框

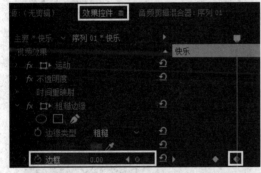
图 4-177　调节边框

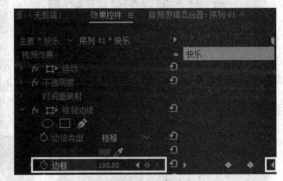
图 4-178　调节边框

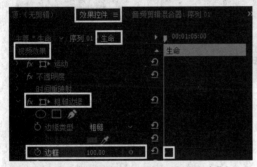
图 4-179　调节粗糙边缘属性("生命")

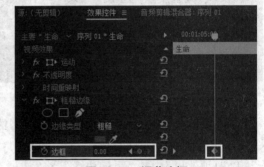
图 4-180　调节边框

图 4-181　调节边框

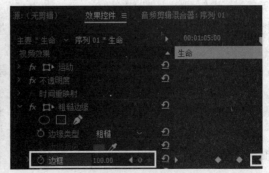
图 4-182　调节边框

（76）将"粗糙边缘"拖至"高雅"文字字幕中。将"时间指针"拖至"00：01：07：10"位置，选择"效果控件面板"中的"高雅"的"视频效果"中的"粗糙边缘"，将"边框"设置为"100"后单击"切换动画"图标（如图 4-183 所示）。将"时间指针"拖至"00：01：08：10"位置，将"边框"设置为"0"（如图 4-184 所示）。将"时间指针"拖至"00：01：08：22"位置，将"边框"设置为"0"（如图 4-185 所示）。将"时间指针"拖至"00：01：09：10"位置，将"边框"设置为"100"（如图 4-186 所示）。

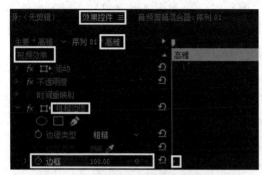

图 4-183　调节粗糙边缘属性（"高雅"）

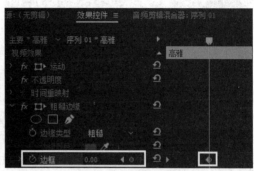

图 4-184　调节边框

图 4-185　调节边框

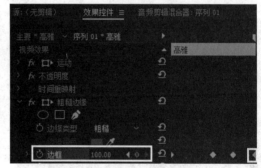

图 4-186　调节边框

（77）将"粗糙边缘"拖至"纯洁"文字字幕。将"时间指针"拖至"00：01：10：10"位置，选择"效果控件面板"中的"纯洁"的"视频效果"中的"粗糙边缘"，将"边框"设置为"100"后单击"切换动画"图标（如图 4-187 所示）。将"时间指针"拖至"00：01：11：10"位置，将"边框"设置为"0"（如图 4-188 所示）。将"时间指针"拖至"00：01：11：22"位置，将"边框"设置为"0"（如图 4-189 所示）。将"时间指针"拖至"00：01：12：10"位置，将"边框"设置为"100"（如图 4-190 所示）。

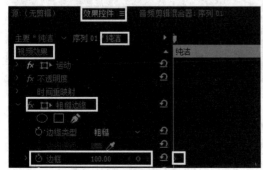

图 4-187　调节粗糙边缘属性（"纯洁"）

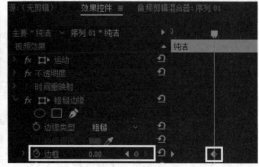

图 4-188　调节边框

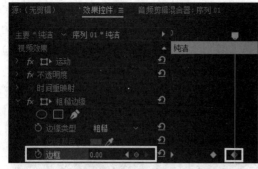 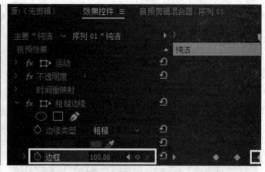

图 4-189　调节边框　　　　　　　　　　　图 4-190　调节边框

（78）将"粗糙边缘"拖至"忠贞"文字字幕中。将"时间指针"拖至"00：01：13：10"位置，选择"效果控件面板"中的"忠贞"的"视频效果"中的"粗糙边缘"，将"边框"设置为"100"后单击"切换动画"图标（如图 4-191 所示）。将"时间指针"拖至"00：01：14：10"位置，将"边框"设置为"0"（如图 4-192 所示）。将"时间指针"拖至"00：01：11：22"位置，将"边框"设置为"0"（如图 4-193 所示）。将"时间指针"拖至"00：01：15：10"位置，将"边框"设置为"100"（如图 4-194 所示）。

图 4-191　调节粗糙边缘属性（"忠贞"）　　　图 4-192　调节边框

图 4-193　调节边框　　　　　　　　　　　图 4-194　调节边框

（79）将"粗糙边缘"拖至"自由"文字字幕中。将"时间指针"拖至"00：01：16：10"位置，选择"效果控件面板"中的"自由"的"视频效果"中的"粗糙边缘"，将"边框"设置为"100"后单击"切换动画"图标（如图 4-195 所示）。将"时间指针"拖至"00：01：17：10"位

置,将"边框"设置为"0"(如图 4-196 所示)。将"时间指针"拖至"00：01：17：22"位置,将
"边框"设置为"0"(如图 4-197 所示)。将"时间指针"拖至"00：01：18：10"位置,将"边框"
设置为"100"(如图 4-198 所示)。

图 4-195　调节粗糙边缘属性("自由")

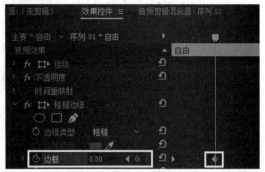

图 4-196　调节边框

图 4-197　调节边框

图 4-198　调节边框

(80)将"粗糙边缘"拖至"生命"文字字幕中。将"时间指针"拖至"00：01：19：10"位
置,选择"效果控件面板"中的"生命"的"视频效果"中的"粗糙边缘",将"边框"设置为
"100"后单击"切换动画"图标(如图 4-199 所示)。将"时间指针"拖至"00：01：20：10"位
置,将"边框"设置为"0"(如图 4-200 所示)。将"时间指针"拖至"00：01：20：22"位置,将
"边框"设置为"0"(如图 4-201 所示)。将"时间指针"拖至"00：01：21：10"位置,将"边框"
设置为"100"(如图 4-202 所示)。

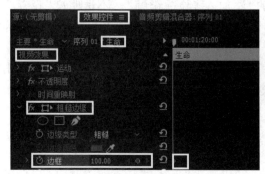

图 4-199　调节粗糙边缘属性("生命")

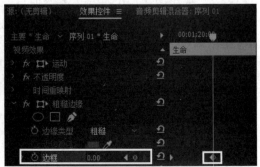

图 4-200　调节边框

图 4-201　调节边框　　　　　　　　　　　　　图 4-202　调节边框

（81）打开"效果面板"中的"视频过渡"→"擦除"，选择"水波块"效果（如图 4-203 所示），将"水波块"效果拖至素材"羽扇豆"与"森林"之间（如图 4-204 所示）。

图 4-203　水波块

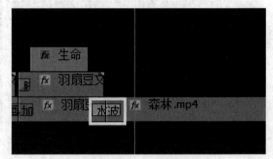

图 4-204　添加效果

（82）单击"水波块"效果，在"效果控件面板"的"水波块"中，将"持续时间"设置为"00：00：02：00"，"对齐"选择"起点切入"，单击下方"自定义"（如图 4-205 所示），在弹出"水波块设置"对话框中，将"水平"设置为"4"、"垂直"设置为"24"，单击"确定"（如图 4-206 所示）。

（83）将"时间指针"拖至"00：01：27：00"位置，选择"森林"素材，在"效果控件面板"的"森林"的"视频效果"中，单击"不透明度"的"添加/移除关键帧"，"不透明度"设置为"100%"（如图 4-207 所示）。将"时间指针"拖至"00：01：29：00"位置，将"不透明度"设置为"0"（如图 4-208 所示）。

（84）将音乐素材导入"项目面板"，并将其拖至"音频轨道 1"（如图 4-209 所示），单击菜单栏中的"文件"，选择"导出"→"媒体"命令（如图 4-210 所示）。

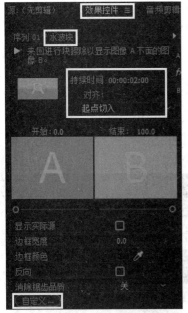

图 4-205　效果控件

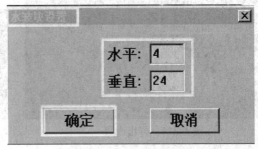

图 4-206　水波块设置

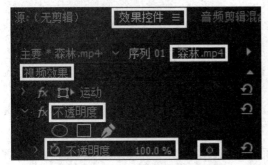

图 4-207　效果控件

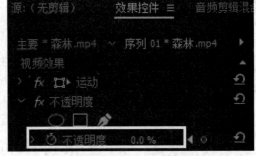

图 4-208　不透明度

图 4-209　导入音乐素材

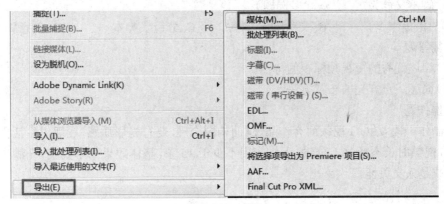

图 4-210　媒体

（85）在"导出设置"对话框中，"格式"选择"H.264"，在"输出名称"后输入"丝路花雨"并选择储存路径，勾选"导出视频"和"导出音频"（如图 4-211 所示）。播放导出的视频，观察最终效果（如图 4-212 所示）。

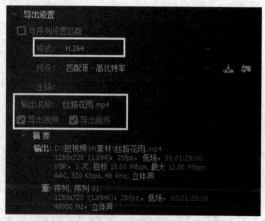

图 4-211　导出设置

图 4-212　最终效果

课后练习

1. 选择题

（1）（　　）是戏剧表演、电影拍摄等所依据的底本。（单选题）

A. 脚本　　　　　　　B. 画本　　　　　　　C. 蓝本　　　　　　　D. 分镜头

（2）按光影的投射方位区分，有（　　）。（多选题）

A. 顺光　　　　　　　B. 侧光　　　　　　　C. 逆光　　　　　　　D. 顶光与脚光

（3）（　　）的重要性不仅表现在刻画画面、表达叙事中，在艺术范畴中还表现在其所具备的无法代替的塑造能力和艺术表现能力。（单选题）

A. 光比　　　　　　　B. 光影　　　　　　　C. 光质　　　　　　　D. 光位

（4）根据在拍摄过程中所起的作用，光型一般可分为（　　）。（多选题）

A. 主光　　　　B. 辅助光　　　　C. 轮廓光　　　　D. 模拟光　　　　E. 修饰光

（5）脚本又分为（　　）。（多选题）

A. 拍摄提纲　　　　　B. 文学脚本　　　　　C. 分镜头脚本　　　　D. 创意脚本

2. 简答题

（1）简述优秀的短视频标题的特点。

（2）简述三点灯光的布置方法。

3. 操作题

请制作一段 VLOG 视频博客作品，画面构图合理，要有光影质感，展现出生活内容或人生感悟，视频时长不超过 1 分钟，素材应用不少于 15 条，整体效果简单真实，充满生活的烟火气息或是人文关怀。

第 5 章　短视频的运营与构图

思政育人

帮助学生掌握时代精神的基本内涵,厘清时代精神的核心在于创新。鼓励学生在学习和生活中增强自主创新能力,运用创新思维分析问题。增强学生对时代精神的情感认同,将时代精神内化于心,外化于行,争做新时代改革创新生力军。面对更加纷繁复杂的网络舆论环境、多元多样的利益诉求,内宣外宣联动的主流舆论格局,巩固壮大奋进新时代的主流思想舆论,为全面建设社会主义现代化强国、全面推进中华民族伟大复兴提供强大精神力量和舆论支持。

知识重点

- 理解短视频运营的工作内容与流程。
- 掌握图像构建与色彩搭配的方法。
- 掌握人物写真短视频的制作流程。

5.1　短视频的运营

短视频运营是利用短视频平台进行产品宣传、推广以及营销的一系列活动,通过策划与产品相关的优质的、具有较强传播性的视频内容,向客户广泛或精准地推送消息,提高产品知名度,从而充分利用粉丝经济,达到相应营销目的。在短视频运营中,客户运营是工作重点。客户运营主要指与用户互动、反馈与整理信息、策划社群运营活动等。只有全面、直观地了解用户,才能更加精准地开展粉丝营销活动,从而形成自己的消费社群,实现长期的推广、分销、带货等目的。同时,短视频运营还包括渠道运营与数据分析。渠道运营包括和各个平台的编辑进行对接沟通,签署协议等工作内容。做好数据分析,则需要每天查看公众号、微博等的运营数据,对某条视频的评论、收藏等数据进行分析,找出影响这些数据值的因素,以便有针对性地对短视频进行优化。

图 5-1　短视频营销

5.1.1 短视频运营基础

成功的短视频运营需要全方位的准备。短视频账号的设置是其中一个最基础的环节。短视频账号包括名字、头像、简介、展示页等，它们在一定程度上会影响短视频账号拥有者的形象和短视频的播放量。

（1）名字。一个简单且具有高识别性的名字能使观看者迅速了解账号的风格、内容，降低推广成本，也有可能有助于收获粉丝。账号名字应通俗易懂，短小精悍，力求简洁，避免出现生僻字，名字的拼写不要过于复杂，这样有利于观看者记忆，方便以后的品牌植入和推广。

（2）头像。头像是一种视觉语言，是观看者识别账号的重要依据，可以使用短视频角色形象或精心设计的图文 LOGO 等，目的是便于观看者记住账号，加深其对账号的第一印象。选择头像要符合两个原则：一是符合账号的内容定位；二是图像要清晰、美观。

（3）简介。简介是账号名字的延伸，账号名字受字数限制，只能点明主题，简介可以对其进行补充。简介可以阐述感悟、观点和态度，充分展示个性，以方便观看者了解，从而形成认知上的共鸣。一个别出心裁的简介能够引起观看者的兴趣与关注。如果要引流用户或开通商业合作，可在简介中留下联系方式。

（4）展示页。展示页是向观看者展示账号特色的主要途径。在展示页中，主要内容应被放在核心位置，吸引观看者的注意。展示页还应展现账号的一些基本信息，这些信息能使人了解账号的风格与内容。展示页通常用一些口语化的文字与图片背景形成鲜明对比，同时也可将引导关注的文案放在展示页中，方便从其他平台导流。

5.1.2 粉丝的运营维护

粉丝口碑所带来的转换效果要高于渠道的推广效果。当账号拥有越来越多的粉丝，就会被越来越多的人了解、关注。在粉丝被优质内容吸引并关注账号后，针对粉丝的运营维护就显得十分重要。

（1）与粉丝积极互动。与粉丝互动主要是为了维护粉丝，把陌生的观看者变成忠实粉丝，提升忠实粉丝的数量，为后续的持续引流和变现打好基础。只有不流失粉丝，短视频账号的浏览度与传播度才会更高，所以针对粉丝的运营维护需要加强粉丝对短视频账号的黏性，而加强粉丝黏性的关键就是与粉丝积极互动，要做到及时回复粉丝的评论，让粉丝感受到短视频账号对他们的关注和重视，使其成为忠实粉丝。如果粉丝的评论过多，不能一一回复，也可以在短视频中直接与粉丝互动交流。

（2）吸引新的观看者关注账号。"涨粉"不但可以提升短视频账号的知名度，粉丝达到一定的数量后，账号还可以享受平台提供的一些特权。通过优质的视频吸引观看者关注，是"涨粉"最直接的方法，而在实际操作中还有一些"涨粉"的小"技巧"：在短视频中加入具有一定争议性的互动话题，以激起观看者参与讨论的欲望，从而大幅增加评论量；利用"评书"艺术的方法，将一个较长的视频分集播出，在结尾处留下悬念，告诉观看者"下集解密"，可以吸引有好奇心的观看者关注；通过和粉丝的对话、交流在评论区写出能够引起共鸣、烘托氛围的评论，引导观看者关注和讨论。

（3）组织活动提升粉丝活跃度。短视频账号不能只让粉丝做"看客"，而要通过各种活动激起粉丝参与互动的热情。可以选择趣味性强、代入感强、能激起好奇心与竞争意识的游戏活动,同时这些活动要具有一定的难度,能激发粉丝的挑战欲。游戏活动结束后要有奖励,奖品的设置可以更好地刺激粉丝参与活动。短视频账号还可以在评论区向粉丝征集创意作品,鼓励粉丝拍摄、上传相关的短视频,从而增强粉丝的参与感和成就感。

(4)从情感上让粉丝产生归属感。短视频账号可以通过怀念美好的过去,再现青春往事,从情怀上让粉丝产生共鸣,强化与粉丝之间的情感连接从而使粉丝对短视频账号产生亲切感、认同感,进而产生归属感。尽量站在粉丝的角度进行思考,让粉丝产生强烈的情感共鸣,尽可能帮助粉丝平衡理想、正视现实,解决内心的矛盾,使粉丝切身感受到被尊重、被理解、被重视。

图 5-2　与粉丝交流互动

5.1.3　短视频运营的重要指标

(1)播放量。播放量指短视频拍摄完成后发布到各个渠道后播放的数量,包括:实际播放数量,也就是累计播放量;同期视频播放量,也就是相同时间不同平台的播放量;相近题材视频播放量,也就是相同平台不同时间的播放量。

(2)完播率。完播率＝观看时间／作品时间。完播率越高,说明短视频作品受欢迎程度越高,享受到的平台分配的流量也就越多。

(3)点赞率。点赞率＝点赞量／播放量。它是衡量短视频作品影响力最关键的指标,点赞率越高,推荐量就越高,播放量也越多。点赞率的高低会直接影响平台是否再分配给短视频账号流量,是否有更多的观看者浏览到账号发布的短视频内容。

(4)点赞加粉率。点赞加粉率＝加粉量／点赞量。点赞加粉率越高,说明作品的价值越高。如果短视频作品获得的点赞多,但是加粉非常少,说明短视频作品对粉丝的帮助不是很大;如果点赞多,加粉也多,说明短视频作品不但好看,而且粉丝还想看到此账号的更多短视频,同时平台也会分配给短视频账号更多流量。

（5）互动率。互动包括评论、转发、收藏等，与粉丝互动产生的数据有：评论率＝评论量／播放量，评论率高，说明短视频作品能引起粉丝共鸣，能激起粉丝的表达意愿，引发讨论；转发率＝转发量／播放量，转发率高，说明粉丝愿意将短视频作品推荐给身边的朋友，或短视频作品与粉丝个人的观点、态度一致，有较强的传播性；收藏率＝收藏量／播放量，收藏率高，表示短视频作品对粉丝有帮助，收藏后极大可能再次观看。

（6）活跃度。活跃度高要求每天坚持登录平台账号，发布新作品，有点赞、评论等操作。

（7）健康度。健康度高要求发布的短视频作品内容健康向上，传播正能量，不低俗、不抄袭、不违法、不违规。

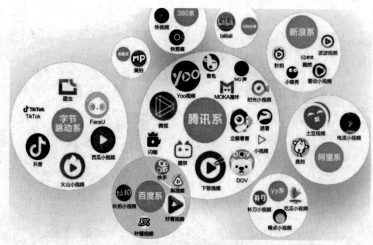

图 5-3　短视频平台

5.1.4　短视频矩阵及价值

在数学中，矩阵是一个按照长方阵列排列的复数或实数集合，最早来自方程组的系数及常数所构成的方阵。短视频矩阵是针对观看者的需要，提供更多服务的多元化短视频渠道运营方式，以提高影响力、获取更多的粉丝关注。这种运营方式通过在不同的短视频平台运营不同的账号，使账号与账号之间相连，进行互推导流，在多个平台展现短视频作品，提升粉丝数量，为后期的赢利做好准备。

短视频矩阵的价值体现在获得更多的流量入口，可以在不同平台或账号之间进行资源整合，提升粉丝总体数量。短视频矩阵的价值有以下几点。

（1）提升收益。对于短视频运营来说，通过多平台播放的方式吸引更多的粉丝，是一个很重要的手段。一个平台一个账号影响力有限，而十个平台十个账号形成的短视频矩阵就有一定的影响力了，涉及的相关成本并未增加太多，但收益却丰厚很多。此外，通过建立垂直领域的短视频矩阵，还能够较大范围地锁定目标用户和粉丝群体，从而吸引更多的用户，创造更大的价值。

（2）降低风险。在短视频矩阵初具规模的基础上，可以通过多个平台扩大矩阵规模，减少在运营短视频账号时，遇到被封号或被限流而遭受的损失。在运营短视频账号的过程中，可以利用多个平台多个账号，逐步摸索出每个平台的规定与标准，降低账号运营的风险。即便在同一个平台,通过团队成员帐号的参与,有利于保证短视频矩阵的安全,最大限度地保证粉丝数量不受影响。

（3）垂直细分。平台评判短视频账号的价值,一看粉丝数量,二看粉丝转化效果。短视频矩阵的内容越垂直细分,账号的价值越高。打造垂直内容领域的短视频账号,能够促进一个更庞大的矩阵的建立,使短视频账号在大类的基础上进行细分,让每一个粉丝的价值最大化。例如,一个美食类短视频账号可以垂直细分出"国内美食""国外美食","国内美食"还可以垂直细分出"北京美食""天津美食""上海美食"等,"国外美食"还可以垂直细分出"法国美食""英国美食""日本美食"等,以此类推。在细分的基础上,根据粉丝、内容、属性再度细分,努力将矩阵里的每一个短视频账号都垂直细分成更多的账号。

（4）减少成本。优质短视频的拍摄十分消耗人力与物力,但是建立短视频矩阵后,可以实现"一次拍摄、多次制作、N 次输出"。"一次拍摄",进行深度全面的素材拍摄,包括拍摄多个景别、机位、角度的视频素材,完成原始素材的积累,减少后期补拍的可能性,节省出时间、精力开展后面的工作;"多次制作",利用前期拍摄的海量素材,经过重新剪辑,可以形成多个新故事、新视频;"N 次输出",是同一个短视频在多个平台上传,可以挖掘原有的优质短视频,隔一段时间重复上传,或 N 次输出经过优化的同一个短视频。优化指对短视频标题文案、封面或内容的重新编辑。

5.1.5　短视频更深层次的运营

短视频发展至今,观看人群已经具有较大规模,短视频所具有的优势、潜力以及蕴含的商业价值正在被越来越多的人所发现、利用。短视频不仅仅停留在娱乐层面,已进入与人们生活息息相关的各个领域,如直播、电商、文化、教育、美食等。

图 5-4　短视频运营包罗万象

1. 短视频与直播联合

早期的直播是指电视或广播等传统媒体平台的现场播放形式,如晚会、比赛、新闻等直播。随着网络的发展,直播的概念有所变化,直播开始普遍基于网络,只要在手机上安装直播软件,就可以进行实时拍摄和呈现,粉丝可以在相应的直播平台进行观看和互动。而随着网络的普及,短视频行业也将其重点转移到了移动端。如今短视频与直播形成了融合发展,几乎所有的短视频平台都开设了直播功能,甚至还出现"直播伴侣"来支持直播的发展。由此可见,"短视频与直播联合"的方式,一方面提升了主播的收益,另一方面也提升了短视频平台的粉丝数量。这种方式是短视频更深层次运营的重要方向,也是未来发展的必然趋势。但也应注意到虽然两者联系紧密,但赢利方式却不相同。直播的赢利主要来源于礼物打赏与平台分成;而短视频的盈利主要来源于广告收益。

图 5-5　表现才艺

2. 短视频与电商联合

利用短视频销售商品、推广产品是目前短视频变现最为成功的模式之一。主要的网购平台提供的数据显示,越来越多的人们习惯于通过短视频了解产品信息、进行购物。这种购物方式更形象,更容易将观看者的情感带入,使其身临其境。观看者只利用碎片化的时间,便可了解商品的基本情况,激发了观看者强烈的购买欲望,这对短视频的运营发展来说是一个非常好的机会。特别是在抗疫期间,通过短视频购买商品的人数呈现井喷式增长,不仅促进了新的消费方式的出现,还使人们的生活得到了保障。电商在经历长时间的摸索后,已经成熟发展起来。随着电商的发展,其竞争也愈发激烈,迫使电商不得不寻找新的发展途径,此时具有庞大流量基数的短视频成为不二之选,短视频与拥有成熟的赢利模式、正在寻找流量的电商形成了互补关系。电商通过与短视频合作,对产品进行推广,实现短视频流量变现,短视频成为打开电商平台大门的"金钥匙"。

图 5-6　短视频与电商的联合

3. 短视频与文化联合

短视频不仅是信息传播的媒介,更是文化传播的媒介,为文化产业的发展注入了一股新鲜的血液,是文化传播的一个新的渠道。自 2016 年至今,我国有关文化的短视频呈井喷式增长,如今每天与文化相关的短视频播放量高达 25.3 亿次,约有 3.2 亿人观看各种与文化相关的短视频,其经济价值不言而喻。除了文化本身的魅力,利用短视频的特点对文化进行讲解也是一个重要原因。将文化内容与趣味性融合在一起,供拥有大量碎片化时间的人们不断汲取养分,十分符合现代人的生活节奏;短视频所具有的表演性能将文化内容更形象地展现出来,使观看者会心一笑或有所感悟;短视频的互动性则形成了交流效应,使观看者参与讨论、品评、互动,产生共鸣。但是不可否认,短视频中也充斥着一些歪曲文化的、失实的讲解,传播着一些无聊、低俗的内容,这就需要进一步对短视频的传播环境加强监管,规范短视频平台,促进文化健康传播。总之,短视频与文化联合有着非常广阔的市场,短视频已成为人们了解国内外文化的一个重要窗口,文化也将是短视频平台潜心挖掘与深层次运营的方向。

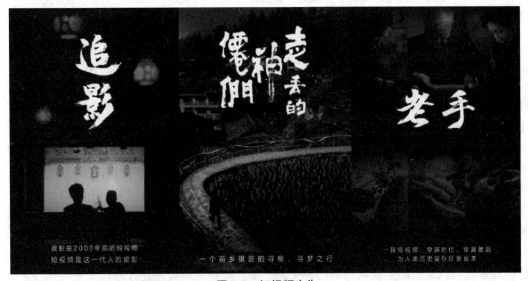

图 5-7　短视频广告

4. 短视频与教育联合

短视频与教育结合已成为一种新的趋势,各大平台纷纷对教育领域进行扶持,通过分发流量、扶持账号、激励措施等方法,助力教育类短视频的发展。短视频与教育结合不仅能够提高短视频的质量,还能为更多的观看者提供优质的教育类短视频内容。据某权威短视频平台发布的数据显示,从 2019 年 3 月至 2020 年 7 月,该平台教育企业号数量增长 324%,投稿量增长 425%,日均观看人数高达 1.8 亿。此外,还有历史、物理、医学等不同类型的短视频教育账号,为观看者制作垂直短视频内容,在短短几十秒或几分钟的时间内为观看者科普相关知识。这种方式正好符合现代人的生活习惯,帮助观看者利用碎片化的时间来提升自己。短视频平台上的知识、技能类内容,可以将复杂的知识简单化、将专业的知识大众化,更符合年轻人的接受心理,还能够激发学生的学习兴趣,这是短视频内容在教育、科普方面的优势。与此同时,还需要注意青少年群体自制力较弱、辨别能力不强,要防止其沉迷网络或被不良短视频账号诱导等现象。家长、监管部门以及各大短视频平台,需要共同营造一个有利于青少年健康成长的短视频环境,引领青少年正向前行。

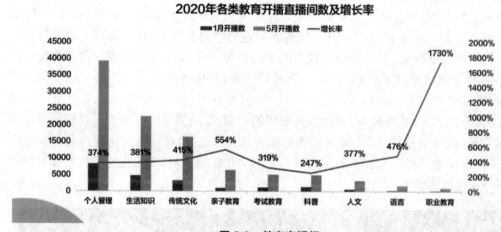

图 5-8　教育直播间

5.短视频与美食联合

美食类节目本来就有较高人气,短视频这种新兴媒体又为美食类节目提供了新的思路,使得美食类短视频成为最受欢迎的短视频类型之一。早在 2016 年某平台的数据就显示,美食类短视频月均播放量增速 21.3%,总增速高达 468%,是全平台平均增速的 3 倍。相比传统形式的节目,美食类短视频取得如此优异的成绩,也是有其原因的。首先,操作步骤简单明了,镜头、文字以及配乐都恰到好处,镜头与转场的运用活跃,视频制作得精致美观,能引起观看者的食欲;其次,通过美食传递生活方式,美食类短视频不仅介绍食物的制作,更让人沉浸于一种理想的生活方式,给忙碌的人们营造出舒适自然、恬淡清新的感受;再次,还有一种较娱乐的美食探店短视频,虽然美食介绍的内容比较直白,但主播夸张的表情、动作和评价模拟出食物美味的真实感;最后,将美食与旅游相结合,美景、美食让观看者不能自拔,也是观看者对自己现在的生活状态的一种慰藉。美食类短视频现在已经超出了食物本身的意义,更是一种生活态度与方式,吸引有着不同诉求的观看者,这成为美食类短视频火爆的必然原因。

图 5-9　美食直播间

5.2　色彩与构图

　　短视频制作离不开色彩与构图的运用。色彩在短视频制作中有着非常重要的作用,更是一种视觉语言,能表现出短视频的内涵意义。合理的构图可使画面看上去更有美感,更具视觉冲击力,成功的构图可以提升短视频的品质,使作品重点突出。

图 5-10　构图效果

5.2.1　色彩模式

　　色彩是能引起人们共同的审美愉悦的、最为敏感的、最有表现力的形式要素之一,它的性质直接影响人们的感情。美术中定义的色彩三原色是"红、黄、蓝"。而"RGB"(红、绿、蓝)被称作光学三原色,是色彩模式中的一种颜色标准,几乎能形成所有的颜色,是目前运用非常广泛的颜色系统,多用于电子显示设备中,通过对"RGB"(红、绿、蓝)三个颜色通道的变化以及它们相互之间的叠加,各式各样的颜色得以在屏幕上显示,如电视、电脑等。每种颜色分为 256 阶亮度,在 0 阶时,是最暗的黑色调;在 255 阶时,是最亮的白色调。世界上的任何一种颜色都可以用固定的数字表示。常见的色彩模式就是 RGB 色彩模式。

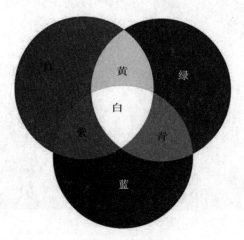

图 5-11　三原色

HSL 色彩模式是另一种常见的颜色标准,通过对"HSL"(色相、饱和度、明度)三个颜色通道的变化以及它们相互之间的叠加可得到各种颜色,HSL 分别代表色相、饱和度、明度三个通道的颜色。色相(H)代表的是人眼所能感知的颜色范围,这些颜色分布在一个平面的色相环上,取值范围是 0°到360°的圆心角,每个角度代表一种颜色(360°是红色、60°是黄色、120°是绿色、180°是青色、240°是蓝色、300°是洋红色)。色相值的重要意义在于不改变光感的情况下,通过旋转色相环来改变颜色。饱和度(S)代表的是色彩的浓度,使用 0% 至100% 的取值范围表现相同色相、明度下颜色纯度的变化。数值越大,颜色中的灰色越少,颜色越鲜艳;数值越小,颜色中的灰色越多,颜色越暗淡。明度(L)代表的是色彩的亮度,控制色彩的明暗变化,使用 0% 至 100% 的取值范围表现相同色相、饱和度下颜色纯度的变化。数值越小,色彩越暗,越接近于黑色;数值越大,色彩越亮,越接近于白色。

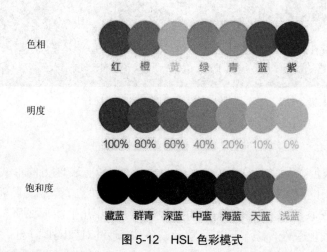

图 5-12　HSL 色彩模式

还有一种色彩模式叫 CMYK 印刷四原色,也叫印刷色彩模式,顾名思义就是印刷时使用的色彩模式。CMYK 分别代表四种颜色,C 代表青色、M 代表品红色、Y 代表黄色、K 代表黑色。从理论上来说,只需要 CMY(青色、品红色、黄色)三种颜色就可以印刷出所需要的颜色了,但是这三种颜色所混合的黑色并不是纯黑色,而是一种暗红色,所以后来增添了 K(黑色),形成了现在的 CMYK 印刷四原色。

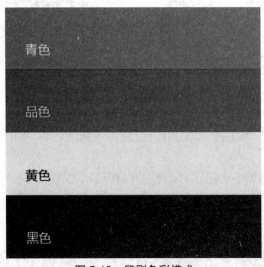

图 5-13　印刷色彩模式

5.2.2　调色原理

在色彩原理中,对于调色来说,相邻色与互补色是两个十分重要的概念。调色主要是通过调节视频中相邻色与互补色来匹配或呈现理想的视频画面颜色的。例如,短视频画面偏向红色的色调时,可以提升相邻色黄色和品红色,也可以减少互补色青色,以实现调色目的。

具体来说,相邻色是指在色环中相距很近的颜色,距离一般不超过 30°,相邻色之间属于弱对比,例如红与黄、绿与青等。相邻色在一起视觉效果非常自然和谐,使人赏心悦目,但是这种配色方案过于平淡,如果过多地使用相邻色,无法产生兴奋感。互补色是指在色环上相对的颜色,也就是在色相环中夹角是 180°的这两个颜色是互补色,例如黄与蓝、青与红等。互补色视觉效果非常强烈,充满活力,具有强烈的分离性,不仅能加强色彩的对比,而且能表现出特殊的视觉对比与平衡效果。

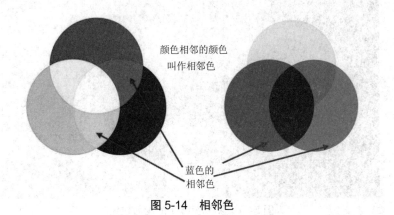

图 5-14　相邻色

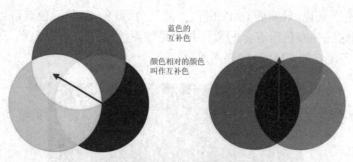

图 5-15 互补色

除了相邻色和互补色以外,对比度、亮度、饱和度、锐度、曝光度、高光/阴影等也是调色过程中必不可少的因素。调色是二次创作的过程,不同的色彩、不同的风格能给人带来不一样的主观感受。

(1)对比度,是指图像中明暗区域最亮的白和最暗的黑之间不同亮度层级的测量,也可理解成亮调与暗调的对比。高对比度,图像清晰醒目,色彩鲜明艳丽,但是黑的区域很黑,亮的区域很亮;低对比度,会让整个画面呈现灰色,但是能显示出暗部的更多细节。

图 5-16 不同对比度下的画面效果

(2)亮度,表示色彩的明暗程度。亮度与曝光度相似,但是二者却有着本质的区别。亮度通常用来调整中间调的明暗;曝光度是使整个画面同时变亮或变暗。

图 5-17 不同亮度下的画面效果

（3）饱和度，是指色彩的鲜艳程度。饱和度越高，图像颜色越鲜艳，反之则越暗淡。在有些调色软件中，除饱和度之外，还有自然饱和度，其区别是，饱和度就是单纯地、机械地调节颜色的鲜艳程度；自然饱和度是通过计算优先调整图像中弱色的鲜艳程度，以保证图像的鲜艳程度一致。

图 5-18　不同饱合度下的画面效果

（4）锐度，是反映图像平面清晰度与图像边缘锐化程度的一个指标。如果将锐度调高，图像边缘更加锐利，整体画面显得更加清楚，画面主体和背景的边界更明显。但是需要注意的是，并不是将锐度调得越高越好。过高的锐度会导致图像严重失真，颗粒感较强，虽然细节显现得更清晰了，图像但失去了自然感、真实感。

图 5-19　不同锐度下的画面效果

（5）曝光度，是指图像接受光线的多少。接受光线越多，曝光度越高，照片就越白；接受光线越少，曝光度越低，照片就越暗。在后期调色中，曝光度是一种调节方式，如果拍摄环境偏暗，提高曝光度可改善画面的清晰度与亮度。

图 5-20　调节曝光度后的画面效果对比

（6）高光是指图像中明亮的部分，阴影是指图像中较暗的部分。顾名思义，调节高光就是调节图片中较亮的区域，调节阴影就是调节图片中较暗的区域。这个参数可以使处于阴影或高光中的局部图像增亮或变暗，用来调节图像细节中的暗部或亮部，而不对画面其余部分产生过多的影响。

图 5-21　阴影与高光的效果

（7）色温，即前文讲过的"光色"。色温是表示光线中包含颜色成分的一个计量单位。从理论上讲，色温是指绝对黑体从绝对零度开始加温后所呈现的颜色。色温越高，颜色就越偏色调，大致经历从红、橙红到黄、黄白、白、蓝白的渐变过程。图像中的色温在一定程度上可以影响观看者的心理感受，不同色温的图像从侧面反映出创作者的思想感情。需要注意的是，色温和色调很容易混淆，色温是指拍摄环境的光源的冷暖；色调是指图像总体倾向于某种色彩，例如冷色调或暖色调。

图 5-22　色温与色调

5.2.3　构图元素与基本原则

构图包括组成、结构和联结等含义。图像构图是指画面布局和结构的艺术，从要表现的对象的形状、线条、明暗、色彩、质感和立体感等造型因素在画面中占有的位置、空间和多变的组合关系中寻找并构成较完美的视觉形象。构图的目的在于增强画面表现力，更好地表现画面内容，使主题鲜明突出，使画面更具美感。对于短视频来讲，构图就是根据主题和内容的要求，把要表现的对象有意识地安排在画面之中，将创作意图表现出来，对主体与陪体关系、空间关系、被摄对象之间的相互关系进行合理搭配，对图像的虚实以及光线、色调与气氛的渲染进行把控等。

图 5-23　图像构图

　　构图元素能够创造画面造型,表现节奏与韵律,有着无可替代的表现力,主要包括"主体""陪体""环境""留白"等元素。

　　(1)主体,是画面中的主要表现对象,是画面主题思想的重要体现者。它既是短视频内容的重点,也是短视频画面的结构中心。主体可以是人,也可以是物,可以是一个,也可以是一组。在拍摄过程中,要注意主体的位置,主体在画面中占据较大的面积,可以使用近景、特写等景别表现;或通过气氛来反衬主体,其他物体在画面中占据较大的面积,而主体在画面中占据较小的面积,间接地表现主体;或将主体放在画面的重要位置,如黄金分割点;或通过虚实对比、动静对比、色彩反差和清晰聚焦等方式突出主体。

图 5-24　图像的主体内容

　　(2)陪体,在画面中与主体有着紧密的联系,通过烘托、陪衬、辅助主体来表现内容,使画面自然生动,更具感染力。在短视频拍摄过程中,可以根据主体的特点,选择适当的陪体丰富影调层次,平衡色彩构成,增强空间感等。在短视频画面中,主体和陪体的出场顺序并非固定不变的,而是按照故事情节发展来安排的;陪体可以帮助主体说明视频内容,使视觉语言更加准确,使观看者更容易理解短视频画面的内容。

图 5-25　图像的陪体内容

（3）环境，是指围绕主体与陪体的环境，包括前景和后景。前景是位于主体之前或靠近镜头的人与物，能够突显空间关系和人物关系。在短视频拍摄过程中，前景能够：突出有意义的人或物；增强短视频画面的真实性；强化短视频画面的视觉空间感；平衡构图和美化画面，产生节奏感和韵律感，调动画面氛围。后景与前景恰好相反，是位于主体之后的人或物，用来衬托主体。在短视频拍摄过程中，后景与主体形成特定的联系，从而烘托主体形象，营造环境的气氛和意境，丰富画面结构，使短视频画面呈现出多层次的立体造型效果。

图 5-26　图像的环境效果

（4）留白，是指在短视频画面的特定位置留出一定的空白，让观看者的视线得以延伸。留白通常有三种形式：画面留白，在主体顶部与屏幕上框之间留出一定的空间；运动留白，当主体处于运动状态时，在其运动方向的前方留出空间；关系留白，主体面向画面一侧时，在其面朝方向留出空间。总之，合理运用画面留白既能突出主体，又能创造出画面的意境。

图 5-27　图像的留白

在短视频拍摄过程中,要进行恰当的构图,就需要遵循构图原则,以此保证拍摄出来的短视频更具有艺术感与表现力。构图原则包括均衡原则、对比原则、视点原则。

1. 均衡原则

均衡是获得良好构图的基础,也是构图的重要原则。均衡的构图能够让观看者在视觉上感受到美感,使画面具有稳定性,而追求稳定性是人类在长期观察自然的过程中形成的一种视觉审美习惯。在判断构图是否均衡时,最简单的方法是将画面分成一个"田"字格,如果在四个格子中都有相应的元素,那么就形成了均衡感。需要注意的是,均衡与对称相似,但并不相同。二者的相同之处是,在构图上都具有稳定性和美感。而不同之处是:对称的画面会产生沉闷感、单调感,缺乏生趣,运用过多就会千篇一律;均衡的变化要比对称的变化多,画面中的形状、颜色和明暗区域相互补充与呼应,会使画面具有合乎逻辑的比例关系,不会在视觉上引起观看者的不适。

2. 对比原则

生活中的强烈反差对比通常让人印象深刻,构图中也同样如此。巧妙、适当的对比不仅能增强艺术感染力,更能反映和升华主题。 对比构图可以突出主题、强化主题,而且变化多样,在构图时,可以运用某一种对比方法,也可以运用多种对比方法。对比原则包括大小对比、高低对比、多少对比、虚实对比、色彩对比、明暗对比、曲直对比等。

(1)大小对比,用于表现画面的主次关系,大的物体要比小的物体更加突出,从而形成大小对比的构图。拍摄时要充分利用大小差异的变化,或者通过透视关系形成大小对比,打破构图的均匀和呆板,使被摄对象成为画面的中心,吸引观看者的注意力。

图 5-28　大小对比

(2)高低对比,也可以说是大小对比的分支。高低对比能呈现出一种错落感。在构图中,要避免被摄对象在同样的高度上,高低反差能增强画面在视觉上的冲击力,使得画面更生动。

图 5-29　高低对比

（3）多少对比，即通过画面中的疏与密进行构图，在突出主体的同时，强调画面的冲突或和谐，使图像更生动、更具有戏剧性。这种对比方式通常将主体放到比较突出的位置，增加陪体的数量，陪体就像是绿叶衬托红花一样起着关键作用，可以理解成在一群陪体中，只有一个主体，即便主体占据很小的位置，但是却很容易吸引观看者的目光。

图 5-30　多少对比

（4）虚实对比，是一种常见的对比方法。拍摄时，需要利用中长焦镜头和大光圈镜头，以控制景深范围，使画面有虚有实，营造出虚实对比的效果虚实对比构图的目的是通过"虚"的模糊景物，突显"实"的清晰被摄对象，二者相辅相承。例如"虚"的影子是随处可见的，利用这一特点可以使"虚"的影子与"实"的被摄对象形成对比；在风景摄影中，"实"的颜色较深的山林和"虚"的颜色较浅的云雾形成虚实对比;利用动静对比的手法,"虚"的模糊的运动物体与"实"的固定物体实现了虚与实的对比效果。

图 5-31　虚实对比

　　(5)色彩对比,就是从色彩的角度着手,运用场景中的对比色进行构图。色彩对比使画面色彩感强烈,主体突出。在拍摄过程中,可以将对比色当成对比依据,也可以将冷色调与暖色调当成对比依据。需要注意的是,在运用色彩对比的方法时,要尽量保证画面中对比色之间形成一种均衡,切不可使陪体颜色过于突出而喧宾夺主,从而影响画面的整体效果。

图 5-32　色彩对比

　　(6)明暗对比,利用光影明暗不同的区域进行对比,可以增强画面的氛围感,使主体更突出。在拍摄过程中,可以选择一些明暗效果较明显的场景,将测光点放在画面中较亮的区域,较暗的区域则更显灰暗,可增强明暗对比的效果。

图 5-33　明暗对比

（7）曲直对比,就是曲线与直线的对比关系。在构图中,直线与曲线能相互辅佐、衬托,但是过多的曲线会带来不安定的感觉,过多的直线又会给人以呆板、停滞的印象,所以要采用曲线与直线相结合的方法,使画面既整齐又具有灵活性。

图 5-34　曲直对比

3. 视点原则

视点是透视学中的名称,也叫灭点,是指拍摄者所展现画面的视线切入点。它将观看者的注意力吸引到画面的一个点上,这个点就是画面的主体所在的位置,但点的位置不是固定的,可以放在画面的任何位置,周围物体的延伸线都要向这个点集中。与平面绘画的多视点不同,短视频画面中只能有一个视点,否则短视频的构图画面会乱。视点构图与拍摄角度紧密相关。例如,如果想把物体拍大,就要靠近拍摄对象,用仰视角拍摄;如果想要画面更辽阔,就要把拍摄位置选择在高处,用俯视角拍摄;如果想使拍出的物体具有立体感,可以选择斜侧角度。

图 5-35　视点构图

5.2.4　常用构图方式

在短视频拍摄过程中，无论是运动镜头还是静止镜头，都离不开构图。要拍出理想的画面，必须熟悉一些短视频画面的构图方式，以突出主体，聚焦视线，丰富短视频的艺术内涵。短视频常用的构图方式有以下几种。

（1）水平线构图，是一种基础的且运用较多的构图方式。水平线构图以被摄对象的水平线做参考，用水平的线条来展现景物的宽阔，给人以辽阔、深远的视觉感受，用这种构图方式拍出的画面具有安宁、稳定等特点。水平线构图可以用来展现宏大、广阔的场景，多用在湖泊、海洋、草原、日出、远山等大场景风光的拍摄中。水平线的变化可以带来不同的视觉感受。如果将水平线居中，能够给人以平衡、稳定、和谐之感；如果将水平线下移，能够突显天空的高远；如果将水平线上移，则可以展现出大地或湖泊、海洋的辽阔。

图 5-36　水平线构图

（2）垂直线构图,是利用垂直于画面上下画框的直线进行构图的方式。垂直线构图强调被摄对象的高度和气势,使其具有挺拔、庄严、雄伟等特点。在短视频拍摄过程中,对于高耸物体,都可以用垂直线构图方式,如果拍摄人物时使用垂直线构图方式,则能够对人物的身体形态起到很强的修饰作用。

图 5-37　垂直线构图

（3）三角形构图。三角形是一种稳定的结构,而三角形构图方式可以给画面带来沉稳、安定、均衡但不失灵活的特点,在视觉效果上还可以给人留下一种无形而强大的印象。利用不同的三角形来构图会带来不同的感觉,例如,正三角形构图能够营造出画面整体的安定感,给人以力量强大的感觉;倒三角形构图会产生不稳定性,给人带来紧张感;不规则三角形构图会创造一种灵活性和跃动感。山峰瀑布、建筑房顶等的拍摄,大都运用三角形构图的方式。

图 5-38　三角形构图

（4）曲线构图，通常用在拍摄恬静、舒缓的风光小品中，如蜿蜒的小路、峡谷的河流等。利用自然地势，从前景向中景和后景延伸，使主体呈现曲线蜿蜒之态，带来优美、柔和、灵动的感觉，形成纵深的空间关系。如果画面中的陪体是曲线形，有引导观看者视线的作用。曲线构图动感效果强烈，但又不失稳定，适合表现山川、河流等自然景象的起伏变化，也适合表现人体或物体的曲线。

图 5-39　曲线构图

（5）对角线构图，是将被摄对象沿着画面的对角线方向进行排列的构图方式。由于对角线构图所形成的对角关系可以产生极强的动感和生命力，也极具纵深、透视效果和饱满的视觉体验，因此采用对角线构图进行拍摄，有助于强化画面的视觉张力，从而为整个画面带来更多的生机和活力。需要注意的是，对角线构图大多用于描述环境，在人物的拍摄中很少使用。

图 5-40　对角线构图

（6）斜线构图，利用线条来引导观看者的目光，使其汇聚到画面中的被摄对象上。有的画面利用斜线突出特定的物体，起到固定导向的作用，让画面具有很强的纵深感和立体感，画面中的前后景物相互呼应，可以划分画面的层次结构，使布局更加分明，这种构图适合拍摄较大场景。

图 5-41　斜线构图

（7）九宫格构图，是最常见的构图方法，能使主体鲜明、画面简练。利用画面中的上下、左右四条分割线将画面平均分成九个方格，形成"井"字形，其中的交点就是画面的黄金分割点。构图时不将被摄对象放在正中间，而是将其放在画面的黄金分割点上。九宫格构图适合于各种拍摄题材，例如在风景拍摄中，既可以将被摄对象放在最合适的位置上，又可以帮助确定天空和地面的比例，天空或地面其中一方占据画面约三分之一的区域，另一方占据画面约三分之二的区域。

图 5-42　九宫格构图

（8）对称式构图，是利用被摄对象所具有的对称关系构建画面的构图方式，往往能使画面具有平衡、稳定、安逸的视觉效果，可以营造一种庄重、肃穆的气氛。这种构图有时会显得呆板，缺少灵性，视觉冲击力不够强，所以不适合表现快节奏的内容。使用对称式构图时，既可以直接拍摄那些具有对称结构的景物，也可以借助玻璃、水面等物体的反光、倒影来获得对称效果。需要注意的是，对称式构图并非强调完全对称，不差一丝一毫，只要做到形式上的对称即可。

图 5-43　对称式构图

（9）三分构图，是比较常用的构图方式之一，将画面横向或纵向平均分成三份，每一份的中心都可以放置主体，这种方式可以避免画面过于对称，增强画面的趣味性，从而减少呆板感。采用三分构图拍摄的画面简练，能够鲜明地表现主题。在拍摄短视频时，在横向或纵向上被摄对象占三分之一的区域，同时将被摄对象放置在分割线上，这样画面主体突出、灵活、生动，视觉感会更加强烈。

图 5-44　三分构图

（10）辐射式构图，是以被摄对象为核心，四周景物或元素向外扩散放射或向内集中汇聚的构图方式。这种构图方式可以使观看者的注意力集中到被摄对象上，常用于在较复杂的场景中突出主体，或产生特殊效果。这种构图方式不仅可以使画面具有开阔、舒展、扩散的视觉效果，给人以强烈的发散感，还可以带来压迫中心、局促沉重的感觉。

图 5-45　辐射式构图

（11）框架构图，是利用画面中的框架结构来包裹被摄对象的构图方式。这种方式有利于增强构图的空间深度，具有很强的视觉引导效果，可以将被摄对象突出在框架之中。由于框架的亮度往往暗于框内景色的亮度，明暗反差较大，会产生"窥视"的感觉，增强画面的神秘感。框架可以是多种形状的，既可以利用实际存在的物体来形成框架，也可以利用光线的明暗对比来形成框架。

图 5-46　框架构图

（12）中心构图，是把被摄对象放置在画面视觉中心，形成视觉焦点，再使用其他信息烘托和呼应主体的构图方式。注意选择简洁的或与被摄对象反差较大的背景，使被摄对象从背景中"显示"出来，这样能够将被摄对象表现得更突出、明确，使画面具有左右平衡的效果，能够将核心内容直观地展示给观看者，使内容要点展示得更有条理，也具有良好的视觉效果。

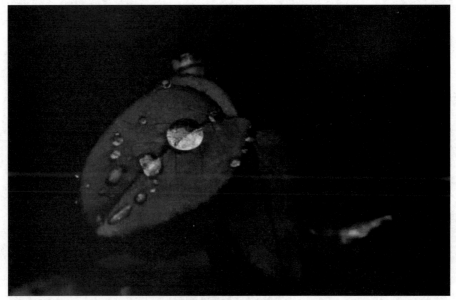

图 5-47　中心构图

5.3　人物写真短视频的制作流程

人物写真的本义是指绘画人物肖像，是中国肖像画的传统名称，绘画的时候力求表现人的真实面貌，所以叫作写真。而人物写真短视频就是以人物为主要创作对象的摄影形式。人物写真短视频与一般的人物摄影不同，其主要的创作任务不只是刻画与表现被摄人物的具体相貌和神态，还包含一定的情节，以此渲染被摄人物的内心活动与精神状态，烘托出整个作品的艺术氛围。需要注意的是，人物写真短视频与最初定义的"写真"略有不同，并非是"真实"的效果，原因就是在后期制作的过程中会通过一些技术手段使被摄人物更立体，视频画面更唯美，作品更具艺术性效果。

图 5-48　人物写真

下面将利用录制完成的音、视频素材进行人物写真短视频的制作,使用学习过的相关视频软件,对素材进行剪辑合成,最终输出一个人物写真短视频。

(1)打开 AE 软件,单击菜单栏中的"合成",选择"新建合成"(如图 5-49 所示)或按快捷键"Ctrl+N",在弹出的"合成设置"对话框中的"合成名称"后输入"文字",将"宽度"、"高度"分别设置为"1080"、"1920",在"帧速率"后输入"24",不勾选"锁定长宽比",将"持续时间"设置为"0∶00∶04∶00"(如图 5-50 所示)。

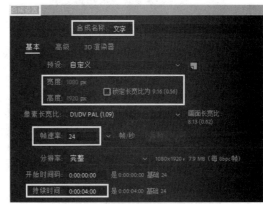

| 合成(C) | 图层(L) | 效果(T) | 动画(A) | 视图(V) | 窗口 | 帮助(H) |
| 新建合成(C)... | | | | Ctrl+N | | |

图 5-49　新建合成

图 5-50　合成设置

(2)选择"直排文字工具",在"合成面板"中创建文字"人物写真之花絮篇"(如图 5-51 所示)。在"字符面板"中,字体选择"方正瘦金书繁体",将颜色设置为"FFFFFF"、大小设置为"250"、水平缩放设置为"90%",单击"仿粗体"(如图 5-52 所示)。

图 5-51　创建文字

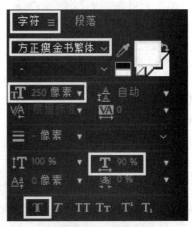

图 5-52　字符面板

(3)在"段落面板面板中,选择"左对齐文本",在"段前添加空格"后输入"-520"(如图 5-53 所示)。在"合成面板"中观察文字效果(如图 5-54 所示)。

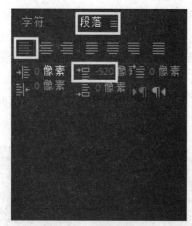

图 5-53　段落面板

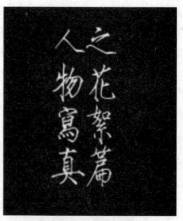

图 5-54　文字效果

（4）选择"直排文字工具"，在"合成面板"中创建文字"Studio Portrait Shots"。在"字符面板"中，字体选择"方正细黑—繁体"，将颜色设置为"FFFFFF"、大小设置为"95"，单击"仿粗体"（如图 5-55 所示）。在"合成面板"中观察文字效果（如图 5-56 所示）。

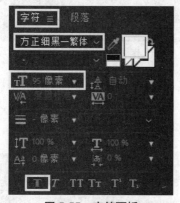

图 5-55　字符面板

图 5-56　文字效果

（5）再次选择"新建合成"或按快捷键"Ctrl+N"，在弹出的"合成设置"对话框中的"合成名称"后输入"片头文字"，将"宽度""高度"分别设置为"1080""1920"，在"帧速率"后输入"24"，不勾选"锁定长宽比"，将"持续时间"设置为"0：00：04：00"（如图 5-57 所示）。将"项目面板"中的"文字"拖入"时间线面板"中的"片头文字"（如图 5-58 所示）。

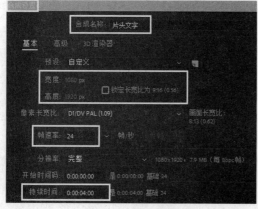

图 5-57　合成设置

图 5-58　项目面板

（6）单击菜单栏中的"效果"，选择"过渡"→"CC Scale Wipe"命令（如图 5-59 所示），其中"Stretch"设置缩放的大小、"Center"设置缩放的起始点、"Direction"设置缩放的角度，将"时间指针"拖至"0：00：00：00"位置（如图 5-60 所示）。

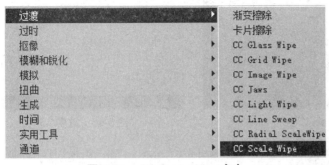

图 5-59　CC Scale Wipe 命令　　　　　　　图 5-60　时间指针

（7）在"效果控件面板"的"CC Scale Wipe"中的"Stretch"后输入"100"、"Center"后输入"540、885"并单击"时间变化秒表"，在"Direction"后输入"0"（如图 5-61 所示），将"时间指针"拖至"0：00：03：23"位置（如图 5-62 所示）。

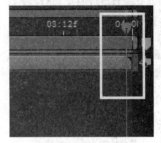

图 5-61　调节属性　　　　　　　　　　　图 5-62　时间指针

（8）在"效果控件面板"的"CC Scale Wipe"中的"Center"后输入"540、345"（如图 5-63 所示），播放动画观察文字效果（如图 5-64 所示）。

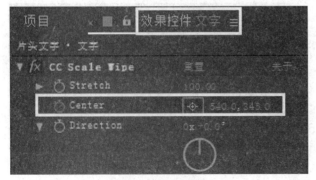
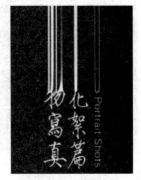

图 5-63　调节属性　　　　　　　　　　　图 5-64　文字效果

（9）在"效果控件面板"中选择"CC Scale Wipe"效果（如图 5-65 所示），单击菜单栏中的"编辑"，选择"重复"命令（如图 5-66 所示）或按快捷键"Ctrl+D"。

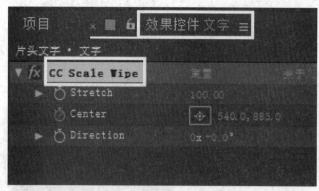

图 5-65　选择 CC Scale Wipe

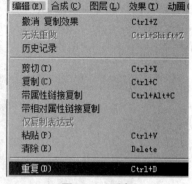

图 5-66　重复

（10）将"时间指针"拖至"0：00：00：00"位置（如图 5-67 所示）。在"效果控件"面板中选择"CC Scale Wipe 2"效果，"Center"输入"540、958"、"Direction"输入"-180"（如图 5-68 所示）。

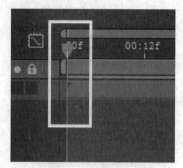

图 5-67　时间指针

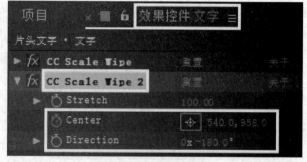

图 5-68　调节属性

（11）将"时间指针"拖至"0：00：03：23"位置（如图 5-69 所示）。在"效果控件面板"中选择"CC Scale Wipe 2"效果，在"Center"后 输入"540、1570"（如图 5-70 所示）。

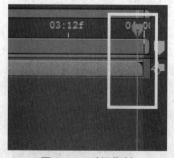

图 5-69　时间指针

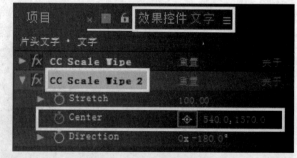

图 5-70　调节属性

（12）播放动画，观察文字效果（如图 5-71 所示）。选择"时间线面板"中的"文字"，单击菜单栏中的"效果"，选择"风格化"→"发光"命令（如图 5-72 所示）。

图 5-71 文字效果

图 5-72 发光命令

（13）在"效果控件面板"中选择"发光"效果，在"发光阈值"后输入"30"、"发光半径"后输入"20"（如图 5-73 所示），观察文字效果（如图 5-74 所示）。

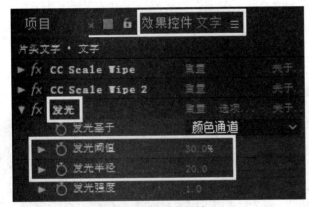

图 5-73 调节属性

图 5-74 文字效果

（14）单击菜单栏中的"效果"，选择"通道"→"转换通道"命令（如图 5-75 所示），在"效果控件面板"的"转换通道"中，将"从获取绿色"选择为"完全关闭"、"从获取蓝色"选择为"完全关闭"（如图 5-76 所示）。

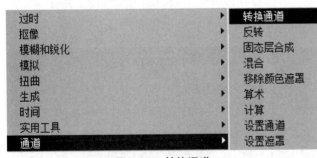

图 5-75 转换通道

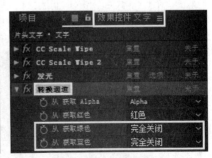

图 5-76 调节属性

（15）选择"时间线面板"中的"文字"，单击菜单栏中的"编辑"，选择"重复"或按快捷键"Ctrl+D"，得到新的"文字"（如图 5-77 所示）。在"效果控件面板"的"转换通道"中将"从获取红色"选择为"完全关闭"、"从获取绿色"选择为"绿色"、"从获取蓝色"选择为"完全关闭"（如图 5-78 所示）。

图 5-77　重复文字

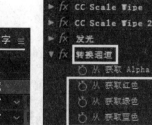

图 5-78　调节属性

（16）再次选择"时间线面板"中的"文字"，单击菜单栏中的"编辑"，选择"重复"或按快捷键"Ctrl+D"，得到新的"文字"。在"效果控件面板"的"转换通道"中将"从 获取红色"选择为"完全关闭"、"从 获取绿色"选择为"完全关闭"、"从 获取蓝色"选择为"蓝色"（如图 5-79 所示）。在"时间线面板"中，将三个"文字"层的模式均选择为"相加"（如图 5-80 所示）。

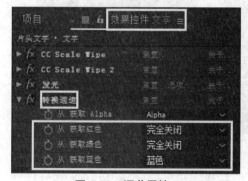

图 5-79　调节属性

图 5-80　文字层相加

（17）将"时间指针"拖至"0：00：00：01"位置，将第二个"文字"层与"时间指针"对齐（如图 5-81 所示）。将"时间指针"拖至"0：00：00：02"位置，将第一个"文字"层与"时间指针"对齐（如图 5-82 所示）。

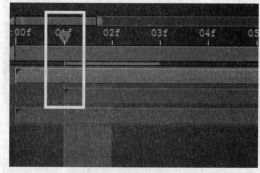

图 5-81　与时间指针对齐

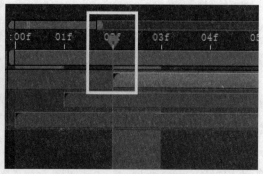

图 5-82　与时间指针对齐

（18）如果此时播放动画，观察开始画面的效果（如图 5-83 所示）。在"时间线面板"中选择"文字合成设置",将"时间指针"拖至"0:00:00:02"位置,再拖动"人物写真之花絮篇"与"Studio Portrait Shots"两个文字层,使其与"时间指针"对齐(如图 5-84 所示)。

图 5-83　开始画面效果　　　　　　　图 5-84　与时间指针对齐

(19)单击菜单栏中的"效果",选择"扭曲"→"湍流置换"命令(如图 5-85 所示),将"时间指针"拖至"0:00:00:00"位置(如图 5-86 所示)。

图 5-85　湍流置换

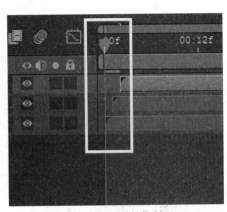

图 5-86　时间指针

(20)在"效果控件面板"的"湍流置换"中的"大小"后输入"100",单击"时间变化秒表"(如图 5-87 所示),将"时间指针"拖至"0:00:03:23"位置(如图 5-88 所示)。

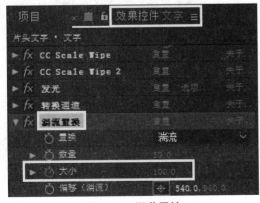

图 5-87　调节属性

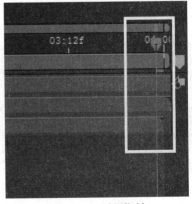

图 5-88　时间指针

(21)在"效果控件面板"的"湍流置换"中的"大小"后输入"2"(如图 5-89 所示),播放动画,观察文字效果(如图 5-90 所示)。

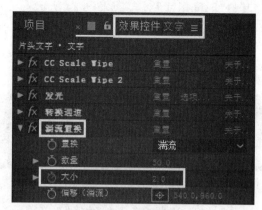

图 5-89 调节属性

图 5-90 文字效果

(22)在"效果控件面板"中选择"湍流置换"(如图 5-91 所示),单击菜单栏中的"编辑",选择"复制"命令(如图 5-92 所示)。

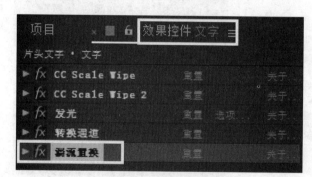

图 5-91 调节属性

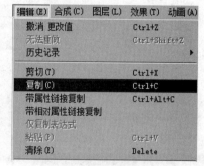

图 5-92 复制

(23)在"时间线面板"的"片头文字合成设置"中选择第二个文字层(如图 5-93 所示),单击菜单栏中的"编辑",选择"粘贴"命令(如图 5-94 所示)。

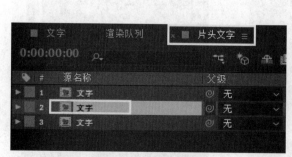

图 5-93 选择文字层

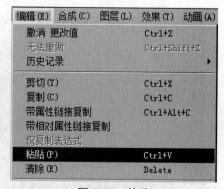

图 5-94 粘贴

(24)将"时间指针"拖至"0∶00∶00∶00"位置(如图 5-95 所示),在"效果控件面板"的"湍流置换"中的"演化"后输入"5",单击"时间变化秒表"(如图 5-96 所示)。

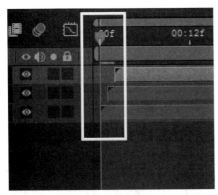

图 5-95　时间指针

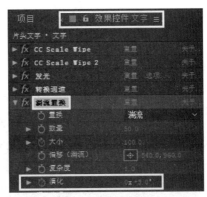

图 5-96　调节属性

（25）将"时间指针"拖至"0：00：03：23"位置（如图 5-97 所示），在"效果控件面板"的"湍流置换"中的"演化"后输入"0"，单击"时间变化秒表"（如图 5-98 所示）。

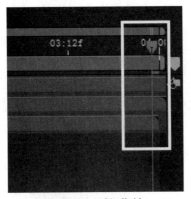

图 5-97　时间指针

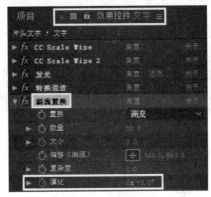

图 5-98　调节属性

（26）单击菜单栏中的"合成"，选择"添加到渲染队列"命令（如图 5-99 所示）或按快捷键"Ctrl+M"，在"渲染队列面板"中"输出模块"选择"无损"（如图 5-100 所示）。

图 5-99　添加到渲染队列

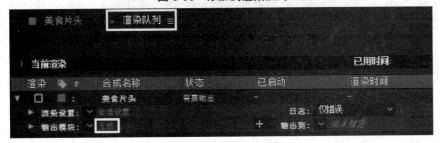

图 5-100　渲染队列面板

（27）在弹出的"输出模块设置"对话框的"格式"后选择"Quick Time"，单击"确定"（如图5-101所示）。将"输出到"设置为"尚未确定"，在弹出的"将影片输出到"中选择输出影片的相应路径（如图5-102所示）。

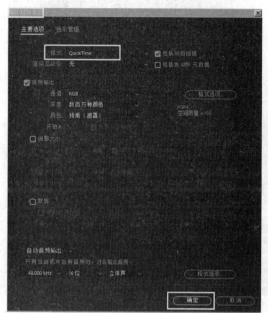

图 5-101　输出模块设置

图 5-102　输出到

（28）在"渲染队列面板"中单击"渲染"（如图5-103所示），在播放器中播放文字动画，观察效果（如图5-104所示）。

图 5-103　渲染　　　　　　　　　　　　　　图 5-104　文字效果

（29）在制作人物写真短视频的时候，被摄人物都希望"脸瘦腿长"，接下来就学习这种效果的制作方法。打开 PS（本案例使用的 PS 软件版本是"Adobe Photoshop 2020"），单击菜单栏中的"文件"，选择"打开"命令（如图5-105），在弹出的"打开"对话框中，选择素材"镜头一"，单击"打开"（如图5-106所示）。

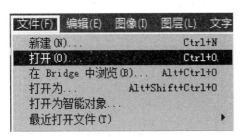

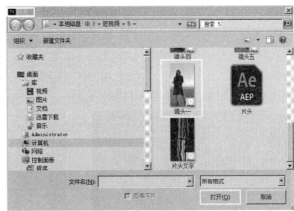

图 5-105　打开　　　　　　　　　　　　图 5-106　选择素材

（30）此时弹出"进程"窗口，自动读取视频素材"镜头一"文件（如图 5-107 所示）。在"图层面板"中，选择"图层 1"并单击鼠标右键，选择"转换为智能对象"（如图 5-108 所示）。

图 5-107　进程窗口　　　　　　　　　　图 5-108　转换为智能对象

（31）单击菜单栏中的"滤镜"，选择"液化"命令（如图 5-109 所示），在弹出的液化对话框中，可以通过右侧各项命令对人物进行调节（如图 5-110 所示）。

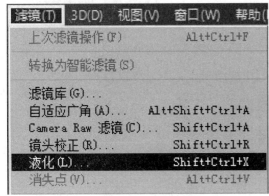

图 5-109　液化　　　　　　　　　　　　图 5-110　调节人物

（32）对于人脸的调节主要使用"人脸识别液化"下的各个选项，可以对"眼睛""鼻子""嘴唇""脸部形状"进行调节（如图 5-111 所示）。不同选项又细分成若干个调节属性，通过调节属性得到想要的人物效果。本案例只需对人脸进行调节，所以只需要选择"脸部形状"命令，在"下巴高度"后输入"30"、"下颌"后输入"-100"、"脸部宽度"后输入"-100"，完成后单击"确定"（如图 5-112 所示）。

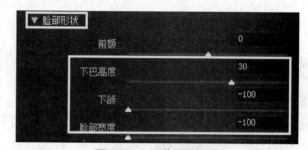

图 5-111　人脸识别液化　　　　　　　图 5-112　调节脸部形状

（33）单击菜单栏中的"文件"，选择"导出"→"渲染视频"命令（如图 5-113 所示），在弹出的"渲染视频"对话框中的"名称"后输入"修改 镜头一"，通过"选择文件夹"选择相应的保存路径，"格式"选择"H.264"，"大小"选择"文档大小 1080×1920"，"帧速率"选择"文档帧速率 24"，"预设"选择"高品质"，单击"渲染"（如图 5-114 所示）。

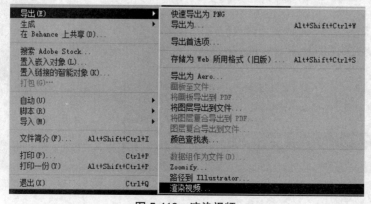

图 5-113　渲染视频

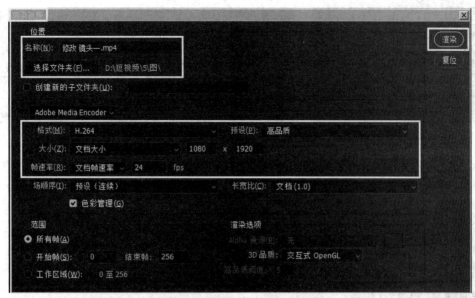

图 5-114　调节属性

　　（34）此时弹出"进程"对话框，自动导出视频（如图 5-115 所示）。使用播放器打开修改后的素材"修改 镜头一"，与修改前的进行对比，观察效果（如图 5-116 所示）。

图 5-115　进程

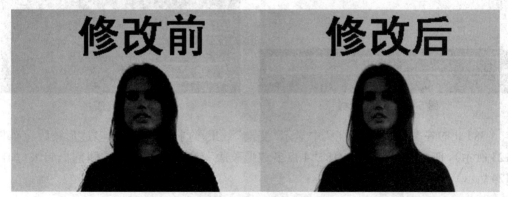

图 5-116　观察效果

　　（35）打开 Pr 软件，导入素材"修改 镜头一"文件（如图 5-117 所示），将其拖至"时间线面板"中的"视频轨道 1"上（如图 5-118 所示）。

图 5-117 导入素材

图 5-118 将素材拖至视频轨道 1

（36）在"时间线面板"的"修改 镜头一"上单击鼠标右键，选择"取消链接"（如图 5-119 所示）。在"音频轨道 1"中选择音频素材，单击"Delete"键进行删除（如图 5-120 所示）。

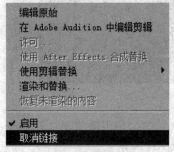

图 5-119 取消链接

图 5-120 删除音频素材

（37）选择"视频轨道 1"上的视频素材（如图 5-121 所示），在"效果面板"中打开"视频效果"→"扭曲"，选择"变换"效果（如图 5-122 所示），将其拖至视频素材上。

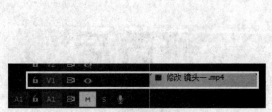

图 5-121 选择素材

图 5-122 变换

（38）此时在"效果控件面板"中显示"变换"效果，选择"创建 4 点多边形蒙版"（如图 5-123 所示），拖动显示在素材上的"4 点多边形蒙版"，直至其将人物的腿部框起来（如图 5-124 所示）。

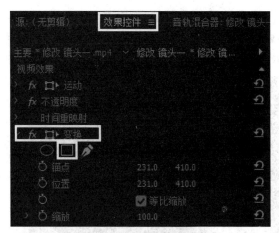

图 5-123　创建 4 点多边形蒙版

图 5-124　拖动 4 点多边形蒙版

（39）取消"变换"效果中的"等比缩放"（如图 5-125 所示），在"缩放高度"后输入"107"（如图 5-126 所示）。

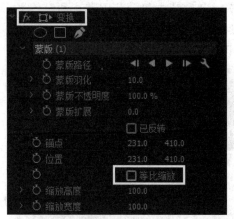

图 5-125　取消等比缩放

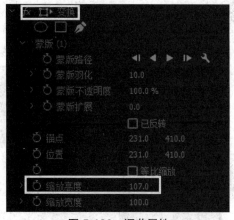

图 5-126　调节属性

（40）单击"变换"效果的"切换效果开关"（如图 5-127 所示），进行对比，观察效果（如图 5-128 所示）。

图 5-127　切换效果开关

图 5-128　对比效果

（41）在"效果面板"中选择"颜色校正"下的"Lumetri Color"，将"Lumetri Color"效果拖至视频素材"修改 镜头一"上（如图 5-129 所示），打开"效果控件面板"中的"Lumetri Color"下的"基本校正"（如图 5-130 所示）。

图 5-129　Lumetri Color

图 5-130　基本校正

（42）在"Lumetri Color"的"基本校正"的"输入 LUT"中包含若干默认预设效果，只需要选择相应效果，就可以自动调节色彩（也可以从网上下载更多效果来使用）（如图 5-131 所示），例如，选择"Phantom-Rec709-Gamma"预设效果，然后观察效果（如图 5-132 所示）。

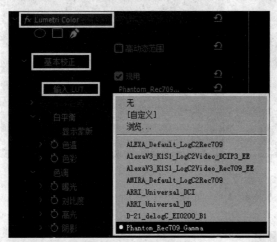

图 5-131　输入 LUT

图 5-132　观察效果

（43）本案例中色彩调节不使用"输入 LUT"预设效果，所以需要在"输入 LUT"中选择"无"，然后在"色温"后输入"10"、"色彩"后输入"5"、"曝光"后输入"0.5"、"对比度"后输入"30"、"高光"后输入"50"、"阴影"后输入"40"、"白色"后输入"5"、"黑色"后输入"-10"（如图 5-133 所示），对比调节的效果（如图 5-134 所示）。

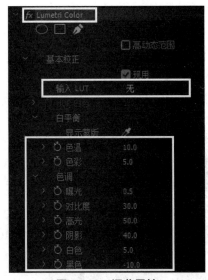

图 5-133　调节属性

图 5-134　对比效果

（44）在"Lumetri Color 面板"的"晕影"中的"数量"后输入"-3"、"圆度"后输入"-40"（如图 5-135 所示），对比调节后的效果（如图 5-136 所示）。

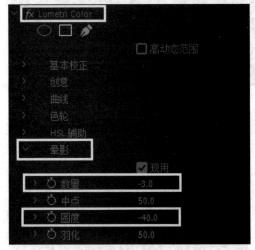

图 5-135　晕影

图 5-136　对比效果

（45）将素材"片头文字""修改 镜头一"、"镜头二""镜头三""镜头四""镜头五""镜头六"导入"项目面板"中（如图 5-137 所示）。将素材全部拖入"时间线面板"，按照"片头文字""修改 镜头一""镜头二""镜头三""镜头四""镜头五""镜头六"顺序排列（如图 5-138 所示）。

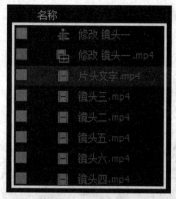

图 5-137　导入素材

图 5-138　排列素材

（46）在"时间线面板"选择素材"修改 镜头一"（如图 5-139 所示）。在"效果控件面板"中选择"Lumetri Color"（如图 5-140 所示）。

图 5-139　选择素材

图 5-140　Lumetri Color

（47）单击菜单栏中的"编辑"，选择"复制"命令（如图 5-141 所示）或使用快捷键"Ctrl+C"，在"时间线面板"中选择素材"镜头二"（如图 5-142 所示）。

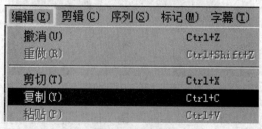

图 5-141　复制

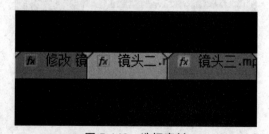

图 5-142　选择素材

（48）单击菜单栏中的"编辑"，选择"粘贴"命令（如图 5-143 所示）或使用快捷键"Ctrl+V"。此时，素材"镜头二"在"效果控件面板"中显示出"Lumetri Color"，与"修改 镜头一"的调节属性相同（如图 5-144 所示）。

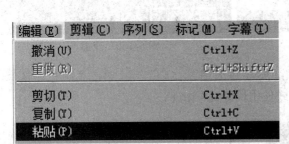

图 5-143　粘贴

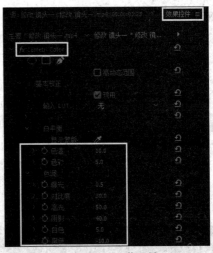

图 5-144　调节属性

（49）按照此方法，分别将"Lumetri Color"效果复制到其他素材上（如图 5-145 所示）。选择素材"修改 镜头一"，在"效果控件面板"中选择"变换"效果（如图 5-146 所示）。

图 5-145　其他素材

图 5-146　变换

（50）单击菜单栏中的"编辑"，选择"复制"命令（如图 5-147 所示）或使用快捷键"Ctrl+C"，在"时间线面板"上选择素材"镜头五"（如图 5-148 所示）。

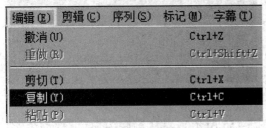

图 5-147　复制

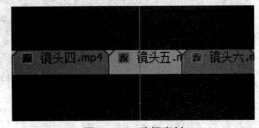

图 5-148　选择素材

（51）单击菜单栏中的"编辑"，选择"粘贴"命令（如图 5-149 所示）或使用快捷键"Ctrl+V"，素材"镜头五"在"效果控件面板"中显示出"变换"效果（如图 5-150 所示）。

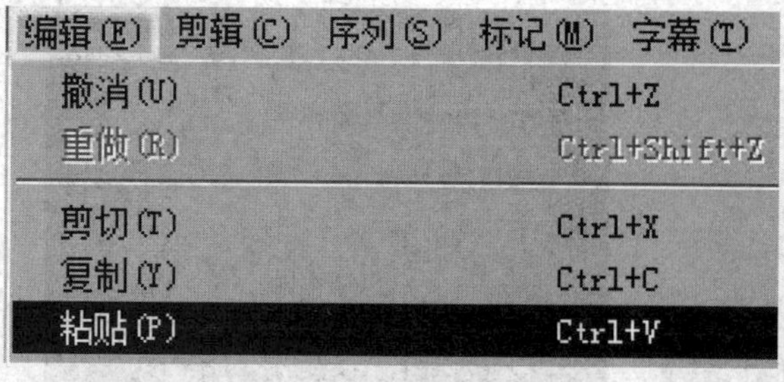

图 5-149　粘贴

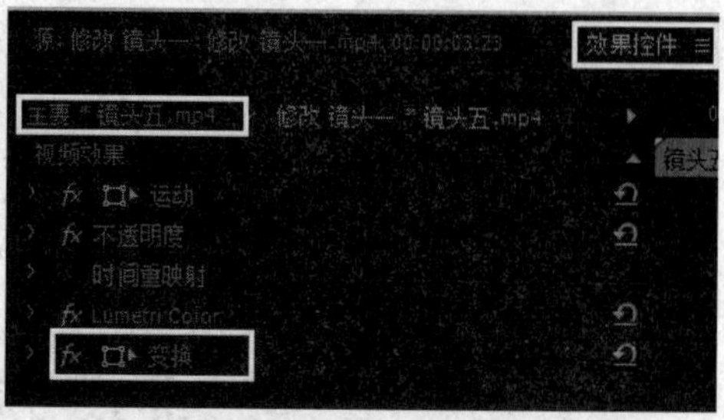

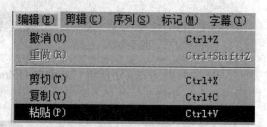

图 5-150　变换

（52）在"时间线面板"上选择素材"镜头六"（如图 5-151 所示），单击菜单栏中的"编辑"，选择"粘贴"命令（如图 5-152 所示）或使用快捷键"Ctrl+V"。

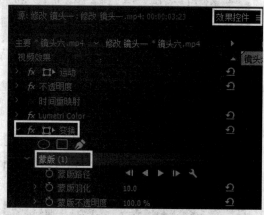

图 5-151　选择素材

图 5-152　粘贴

（53）在"效果控件面板"中打开"变换"效果，选择"蒙版（1）"（如图 5-153 所示）。在"节目面板"中调节蒙版控制点，改变蒙版形状（如图 5-154 所示）。

图 5-153　蒙版

图 5-154　调节蒙版控制点

（54）选择"效果面板"，打开"溶解"（如图 5-155 所示），，将"渐隐为白色"拖动至"片头文字"与"修改 镜头一"之间的位置（如图 5-156 所示），属性使用默认数值。

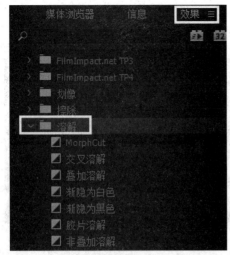

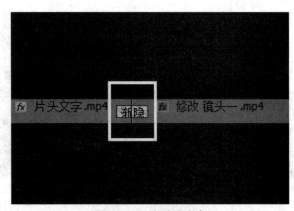

图 5-155　溶解　　　　　　　　　　　图 5-156　渐隐为白色

（55）将"交叉溶解"拖动至"修改 镜头一"与"镜头二"之间的位置（如图 5-157 所示）。在"效果控件面板"中将"交叉溶解"的"持续时间"设置为"00：00：04：01"（如图 5-158 所示）。

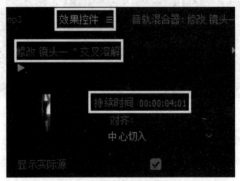

图 5-157　交叉溶解　　　　　　　　　图 5-158　持续时间

（56）将"叠加溶解"拖动至"镜头二"与"镜头三"之间的位置（如图 5-159 所示）。在"效果控件面板"中将"非叠加溶解"的"持续时间"设置为"00：00：04：01"（如图 5-160 所示）。

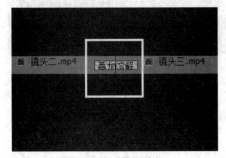

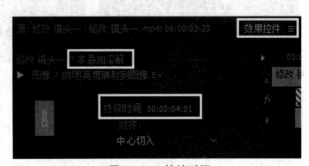

图 5-159　叠加溶解　　　　　　　　　图 5-160　持续时间

（57）将"交叉溶解"拖动至"镜头三"与"镜头四"之间的位置（如图 5-161 所示）。在"效果控件面板"中将"交叉溶解"的"持续时间"设置为"00:00:03:01"（如图 5-162 所示）。

图 5-161　交叉溶解

图 5-162　持续时间

（58）将"叠加溶解"拖动至"镜头四"与"镜头五"之间的位置（如图 5-163 所示）。在"效果控件面板"中将"叠加溶解"的"持续时间"设置为"00:00:04:01"（如图 5-164 所示）。

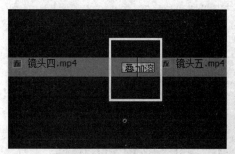

图 5-163　叠加溶解

图 5-164　持续时间

（59）将"胶片溶解"拖动至"镜头五"与"镜头六"之间的位置（如图 5-165 所示）。在"效果控件面板"中将"胶片溶解"的"持续时间"设置为"00:00:03:01"（如图 5-166 所示）。

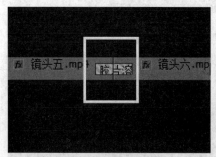

图 5-165　胶片溶解

图 5-166　持续时间

（60）将"渐隐为黑色"拖动至"镜头六"的出点位置（如图 5-167 所示）。在"效果控件面板"中将"渐隐为黑色"的"持续时间"设置为"00:00:03:01"（如图 5-168 所示）。

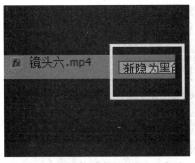

图 5-167　渐隐为黑色

图 5-168　持续时间

（61）将素材"音乐 1"与"音乐 2"拖动至"项目面板"中（如图 5-169 所示）。将"音乐 1"拖动至"时间线面板"的"音频轨道 1"中，"音乐 2"拖动至"时间线面板"的"音频轨道 2"中（如图 5-170 所示）。

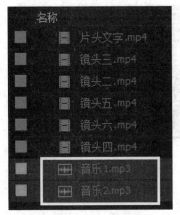

图 5-169　音乐素材

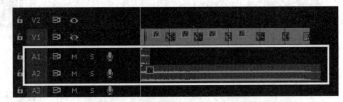

图 5-170　将音乐素材导入时间线面板

（62）将"时间指针"拖至"00：00：00：00"位置，选择素材"音乐 2"（如图 5-171 所示）。在"效果控件面板"中的"音乐 2"的"级别"后输入"-50"（如图 5-172 所示）。

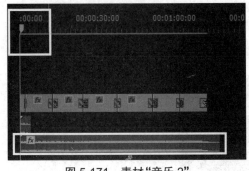

图 5-171　素材"音乐 2"

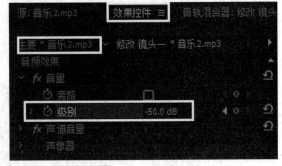

图 5-172　调节级别

（63）将"时间指针"拖至"00：00：02：10"位置（如图 5-173 所示）。在"效果控件面板"选择"音乐 2"，单击"级别"后方的"添加 / 移除关键帧"（如图 5-174 所示）。

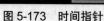

图 5-173　时间指针

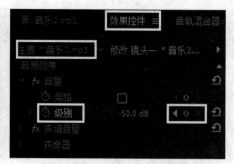

图 5-174　添加 / 移除关键帧

（64）单击菜单栏中的"文件"，选择"导出"→"媒体"命令（如图 5-175 所示）。在"导出设置"对话框中，"格式"选择"H.264"，在"输出名称"后输入"写真花絮"（并选择储存路径），勾选"导出视频""导出音频"（如图 5-176 所示）。

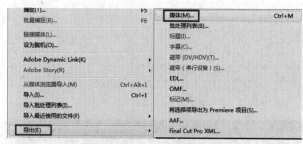

图 5-175　媒体

图 5-176　导出设置

（65）导出视频，观察最终效果（如图 5-177）。

图 5-177　最终效果

课后练习

1. 选择题

（1）短视频运营的基础包括（　　）。（多选题）

A. 名字　　　　　　　　B. 头像　　　　　　　　　C. 简介　　　　　　　　D. 展示页

（2）短视频矩阵的价值包含（　　）。（多选题）

A. 提升收益　　　　　　B. 减少风险　　　　　　　C. 垂直细分　　　　　　D. 降低成本

（3）常见的色彩模式有（　　）。（多选题）

A.RGB　　　　　　　　B.CMYK　　　　　　　　C.HLS　　　　　　　　D.OLED

（4）构图元素包括（　　）。（多选题）

A. 主体　　　　　　　　B. 陪体　　　　　　　　　C. 环境　　　　　　　　D. 留白

（5）构图原则通常包括（　　）。（多选题）

A. 均衡原则　　　　　　B. 对比原则　　　　　　　C. 视点原则　　　　　　D. 矛盾原则

2. 简答题

（1）简述短视频更深层次运营的具体内容。

（2）简述色彩调节的基本原理。

3. 操作题

请制作一段人物写真短视频作品，要求画面唯美，构图合理，色彩风格明确，观看后给人以静谧、美好之感，视频时长不超过 1 分钟，素材应用不少于 10 条，运用光影与色彩展示出人物的形态与气质。

第6章　短视频制作的常见软件

思政育人

当今时代,网络媒体成为民众获取资讯的重要途径,作为短视频创作者应当承担起越来越重的社会责任。必须坚持正能量,坚守中华文化立场,立足当代中国现实,结合当今时代条件,发展面向现代化、面向世界、面向未来的,民族的科学的大众的社会主义文化,推动社会主义精神文明和物质文明协调发展。要坚持为人民服务、为社会主义服务,坚持百花齐放、百家争鸣,坚持创造性转化、创新性发展,不断铸就中华文化新辉煌。

知识重点

- 了解常见的短视频制作软件。
- 掌握软件的使用方法。

如今短视频制作的软件多种多样,这些软件不仅降低了短视频制作的难度,还提高了短视频制作的效率与质量。这些新兴的、优质的短视频制作软件,既可以弥补拍摄者专业技术上的不足,丰富短视频的内容,又可以推动短视频制作的良性循环。

6.1　剪映

剪映是一款移动端视频编辑工具,带有全面的剪辑功能,可以制作出音频、字幕、贴纸、滤镜、抠图、特效、关键帧等效果,有丰富的曲库和贴纸资源。即使是短视频制作的初学者,也能使用这款工具制作出理想的短视频作品。而"剪映专业版"(如图 6-1 所示)对视频分镜、剪接、时间线、转场、蒙版等进行了较大优化,使得剪辑变得更容易。

图 6-1　剪映专业版

(1)打开"剪映专业版",单击"开始创作"(如图 6-2 所示),进入"剪映专业版"的操作界面（如图 6-3 所示）。

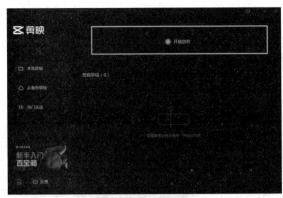

图 6-2　开始创作

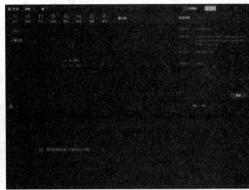

图 6-3　操作界面

（2）"菜单"中包括"文件""编辑""设置""帮助""意见反馈""返回首页""退出剪映"
等命令（如图 6-4 所示），其中"文件""编辑"命令较常用（如图 6-5 所示）。

图 6-4　菜单

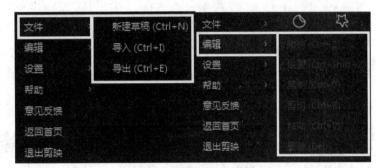

图 6-5　文件与编辑命令

（3）功能中包括媒体""音频""文本""贴纸""特效""转场""滤镜""调节"等，也是制
作短视频的主要命令，每个功能包括若干选项，每个选项又包括若干效果。如"媒体"包括
"本地"与"素材库"，从"本地"可导入存储在移动端中的素材，单击"导入素材"即可将素材
导入软件之中（如图 6-6 所示），选择"素材库"则显示出相关的效果预览（如图 6-7 所示）。

图 6-6　本地

图 6-7　素材库

（4）在"播放器"中可以对视频效果进行预览（如图 6-8 所示），单击"原始"可以调节屏幕的比例大小（如图 6-9 所示）。

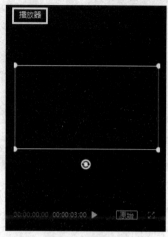

图 6-8　播放器

图 6-9　原始

（5）在"时间线面板"上可以对"音频""视频""文本""贴纸""特效""转场"等的素材进行编辑（如图 6-10）。"时间线面板"上方包括 "选择"（"切割"）、 "撤销"、 "恢复"、 "分割"、 "删除"、 "倒放"、 "定格"、 "镜像"、 "旋转"、 "剪裁"、 "自动吸附"、 "预览轴"、 "时间线放大或缩小"等编辑命令（如图 6-11）。

图 6-10　时间线面板

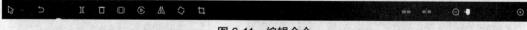

图 6-11　编辑命令

（6）在"时间线面板"中导入媒体素材，界面的左侧会显示"画面""变速""动画""调节"面板。其中"画面"包括"基础""抠像""蒙版""背景"四个面板，"基础面板"包括"混合模式"（用不同的方法将两个轨道的颜色混合）、"不透明度"（调节透明度实现轨道间叠化的效果）、"位置"（通过 X 轴、Y 轴的变换调节素材方向）、"旋转"（调节素材角度）、"缩放"（调节素材大小）、"磨皮"（针对美颜效果的基础命令）、"瘦脸"（针对美颜效果的基础命令）。需要注意的是，调节属性后方带有 图标，即可"记录关键帧"（如图 6-12 所示）。

"抠像"包含"色度抠图"和"智能抠图","色度抠图"使用"取色器"吸取颜色,调节"强度""阴影"进行抠图,"智能抠图"通过自动计算进行抠图(如图 6-13 所示)。

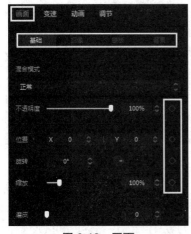

图 6-12　画面

图 6-13　抠像

(7)"蒙板"包括"无""线性""镜面""圆形""矩形""爱心""星形"等蒙版,在这里可以对蒙版的范围、比例、羽化进行调节(如图 6-14 所示)。"背景"包括"无""模糊""颜色""样式"等背景填充方式。选择不同方式的效果,再选择"基础"中的"混合模式",就可以与"时间线面板"上的素材结合出效果(如图 6-15 所示)。

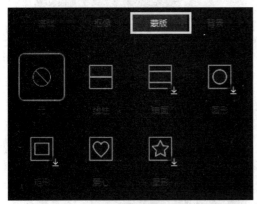

图 6-14　蒙版

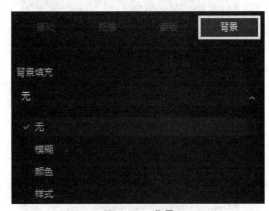

图 6-15　背景

(8)"变速"可对视频的播放速度进行调整,包括"常规变速"与"曲线变速"。"常规变速"是通过调整倍数实现快进和慢放的效果。倍数越大,视频速度越快,视频时长缩短;倍数越小,视频速度越慢,视频时长增长。"声音变调"开启后,视频的声音音调会随着视频速度变化而变化(如图 6-16 所示)。"曲线变速"是通过选择不同的曲线样式改变速度的方式,用户也可以手动改变曲线上的调节点,改变曲线样式,从而改变视频速度(如图 6-17 所示)。

图 6-16　常规变速

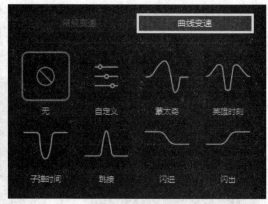

图 6-17　曲线变速

（9）"动画"包括入场动画、出场动画和组合动画，可以应用在素材上。通过"动画时长"可以调节动画效果的播放时间（如图 6-18 所示）。"调节"包括"基础"与"HSL"的调节，"基础"可以对视频的色温、色调、亮度、对比度等参数进行调节；"HSL"可以对"色相""饱和度""亮度"进行调节（如图 6-19 所示）。

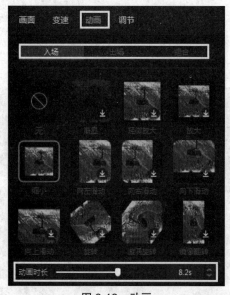

图 6-18　动画

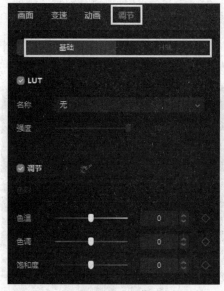

图 6-19　调节

（10）单击"音频"后可以在"音乐素材""音效素材""音频提取""抖音收藏""链接下载"中选择音频（如图 6-20 所示）。在"时间线面板"中导入视频素材，界面的左侧显示的"音频面板"中包括"基础"与"变速"，"基础"可以对音频的音量大小、淡入淡出时长及声效进行调节；"变速"功能可参考视频的常规变速（如图 6-21 所示）。

图 6-20　音频　　　　　　　　　　　　　　　图 6-21　音频面板

（11）单击"文本"后可以在"新建文本""文字模版""智能字幕""识别歌词"中创建文字样式（如图 6-22 所示）。在"时间线面板"中导入文字素材，界面的左侧显示"编辑""动画""朗读"面板。"编辑"包括"文本""排列""气泡""花字"面板，在"文本面板"中可以输入所需要的文字内容，调节字体、颜色、透明度等基本属性（如图 6-23 所示）。

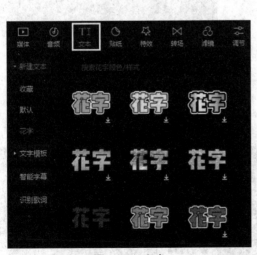

图 6-22　文本　　　　　　　　　　　　　　　图 6-23　编辑面板

（12）"排列"可以调节段落文字的样式（如图 6-24 所示）。"气泡"中预设了许多带有背景的文字素材，可以根据视频风格进行选择（如图 6-25 所示）。

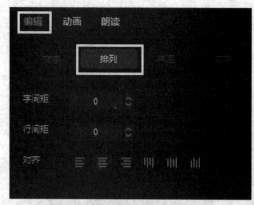

图 6-24　排列

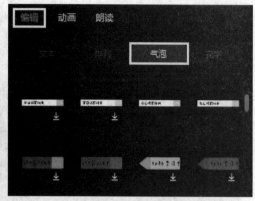

图 6-25　气泡

（13）"花字"中预设了各种文字样式（如图 6-26 所示）。"动画"参考"媒体"中的动画设置（如图 6-27 所示）。

图 6-26　花字

图 6-27　动画

（14）"朗读"包括多种声效、方言的读音效果，可以对输入的文字通过不同效果的声音进行播放（如图 6-28 所示）。单击"贴纸"后可以在"贴纸素材"中选择贴纸样式（如图 6-29 所示）。

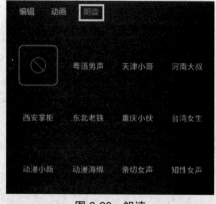

图 6-28　朗读

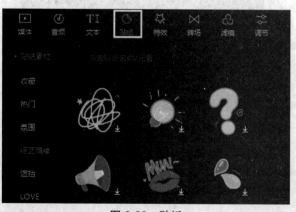

图 6-29　贴纸

（15）在"时间线面板"中导入贴纸素材，界面的左侧显示"编辑""动画"面板。"编辑"包括"缩放""旋转""位置"等基本属性的调节（如图 6-30 所示）。"动画"参考"媒体"中的动画设置（如图 6-31 所示）。

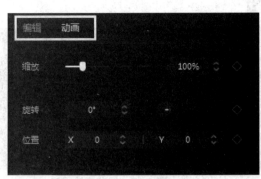

图 6-30　编辑

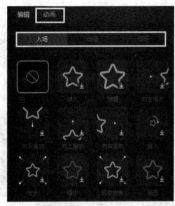

图 6-31　动画

（16）单击"特效"后可以在"特效效果"中选择特效样式（如图 6-32 所示）。在"时间线面板"中导入特效素材，界面的左侧显示"特效面板"，可以对特效效果进行调节。需要注意的是，不同的特效效果的调节属性不同（如图 6-33 所示）。

图 6-32　特效

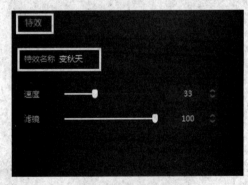

图 6-33　调节属性

（17）单击"转场"后可以在"转场效果"中选择转场样式（如图 6-34 所示）。在"时间线面板"中导入转场素材，界面的右侧显示"转场面板"，可以对转场时长进行调节（如图 6-35 所示）。

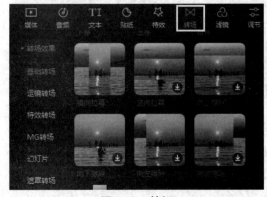

图 6-34　转场

图 6-35　调节转场时长

（18）单击"滤镜"后可以在"滤镜库"中选择滤镜样式（如图6-36所示）。在"时间线面板"中导入滤镜素材，界面的左侧显示"滤镜面板"，可以对滤镜强度进行调节（如图6-37所示）。

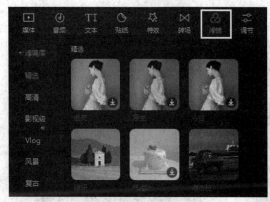

图6-36　滤镜

图6-37　调节滤镜强度

（19）单击"调节"后可以在"自定义"或"我的预设"中选择效果（如图6-38所示）或导入相应"LUT"模式进行调节（如图6-39所示）。

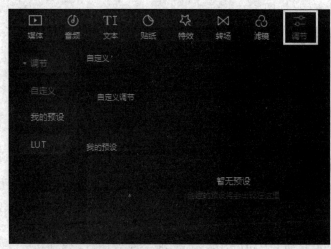

图6-38　效果

图6-39　LUT模式

（20）例如，在"媒体""空镜头"中选择"古风雨滴"素材（如图6-40所示）。选择素材后，在"画面"中将"缩放"设置后"110%"（如图6-41所示）。

（21）选择"文本"→"新建文本"→"默认"→"默认文本"效果（如图6-42所示）。在"时间线面板"中选择"默认文本"（如图6-43所示）。

（22）选择"编辑"，在"文本"中输入"谁与春风皆过客"，"字体"选择"毛笔体"，在"位置"后输入"X0、Y-65"，勾选"描边"，"颜色"选择"蓝色"，将"粗细"设置为"15"，勾选"边框"，"颜色"选择"灰色"，将"不透明度"设置为"30%"，勾选"阴影"（如图6-44所示）。选择"动画"→"入场"→"打字机2"效果，将"动画时长"设置为"2秒"（如图6-45所示）。

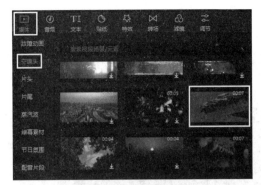

图 6-40　选择素材

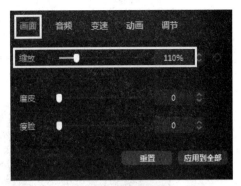

图 6-41　调节属性

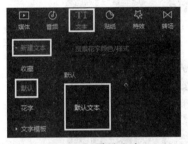

图 6-42　默认文本

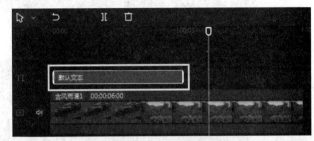

图 6-43　时间线面板

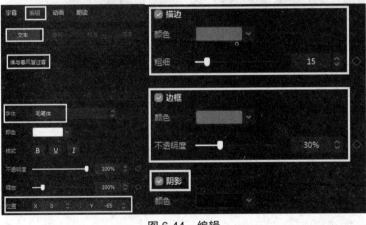

图 6-44　编辑

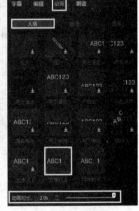

图 6-45　动画

（23）按照同样的方法制作"谁与秋水揽星河"文本，在"时间线面板"中按顺序摆放，观察效果（如图 6-46 所示），选择"特效"→"自然"→"大雪"效果（如图 6-47 所示）。

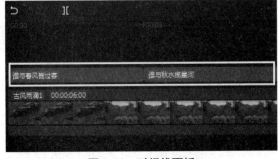

图 6-46　时间线面板

图 6-47　大雪效果

（24）在"时间线面板"中将"大雪"效果长度拖至"6"秒钟（如图6-48所示）。选择"时间线面板"中的"古风雨滴"素材,在"调节"下的"基础"中的"色温"后输入"-25"、"色调"后输入"-20"、"饱和度"后输入"-10"、"对比度"后输入"25"、"高光"后输入"20"、"光感"后输入15、"颗粒"后输入"25"、"暗角"后输入"50"（如图6-49所示）。

图6-48　时间线面板

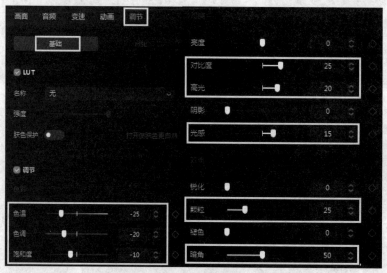

图6-49　调节属性

（25）选择"滤镜"→"风景"→"京都"效果（如图6-50所示）。在"时间线面板"中将"京都"效果长度拖至"6"秒钟（如图6-51所示）。

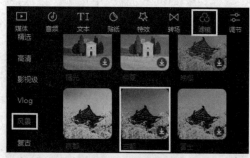

图6-50　京都效果

图6-51　时间线面板

（26）选择"音频"→"国风"→"花落"素材（如图 6-52 所示）。在"时间线面板"中使用"分割工具"，在 19 秒位置对"花落"素材进行剪切（如图 6-53 所示）。

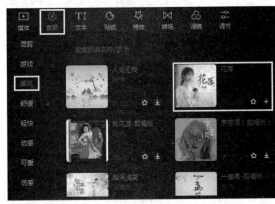 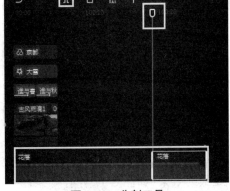

图 6-52　选择素材　　　　　　　　图 6-53　分割工具

（27）将"花落"素材的前面部分删除，然后与其他素材的入点位置对齐（如图 6-54 所示）。将鼠标放置在"花落"素材的出点位置，对出现的黑色箭头进行拖动，使"花落"素材的出点位置与其他素材的出点位置对齐（如图 6-55 所示）。

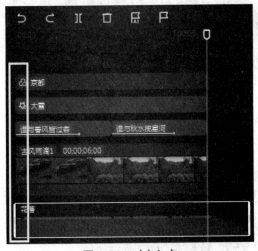 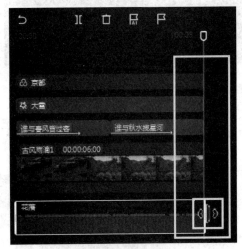

图 6-54　对齐入点　　　　　　　　图 6-55　对齐出点

（28）在"音频"下的"基本"中的"音量"后输入"-11"、"淡入时长"后输入"0.5"、"淡出时长"后输入"1"（如图 6-56 所示）。单击"导出"，在弹出的"导出面板"中的"作品名称"后输入"短视频制作"，在"导出至"后选择相应的保存位置，其他属性使用默认选项即可，单击"导出"，等待渲染（如图 6-57 所示）。

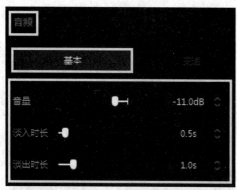

图 6-56　音频属性

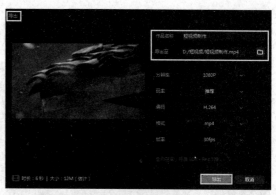

图 6-57　导出面板

（29）导出完成后可发布到相应平台，或单击关闭（如图 6-58 所示），再播放导出视频，观察最终效果（如图 6-59 所示）。

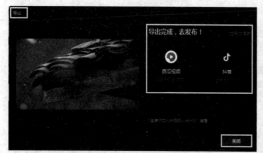

图 6-58　导出完成

图 6-59　观察效果

6.2　PrettyUp 视频美化软件

图 6-60　PrettyUp 软件

　　PrettyUp 软件是一款视频美化软件,提供专业的视频修图功能,如视频美颜、身材优化和五官重塑等功能,用户不仅可以轻松编辑出理想的视频效果,还可以直接对视频中的人物进行美颜,各种素材和模板均免费提供,不论是五官还是身材,用户都可以自己设置美化效果,同时该软件还支持简单快捷的一键美颜。

　　(1)打开"PrettyUp 视频美化软件",单击"导入素材"(如图 6-61 所示)。选择需要编辑的素材,其中 ⊡ 表示全部素材,包括视频与图片;⊡ 表示全部视频素材;⊡ 表示全部图片素材;⊡ 表示全部拍摄素材;⊡ 表示使用相机进行拍摄(如图 6-62 所示)。

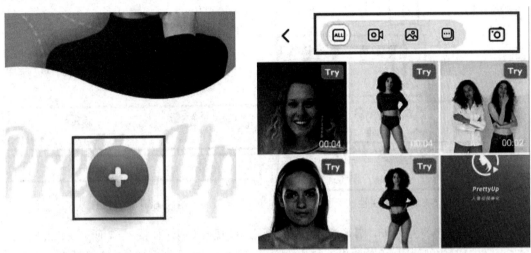

图 6-61　导入素材　　　　　　　　　　　图 6-62　选择素材

　　(2)进入到"PrettyUp 视频美化软件"操作界面(如图 6-63 所示)。界面上半部分包括:⊡——选择素材;⊡——内置效果使用教程;⊡——保存视频;↺——后退一步操作;↻——前进一步操作;▯▮——对比调节前后的效果(如图 6-64 所示)。

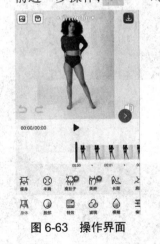

图 6-63　操作界面　　　　　　　　　　　图 6-64　命令图标

　　(3)界面下半部分包括:▶——视频播放键; ▦——素材内容;

🝔 ◎ ▦ ◉ ◈ ☰
·身体　脸部　特效　滤镜　模糊　编辑 ——效果的分类,包括"身体""脸部""特效""滤镜""模糊""编辑"；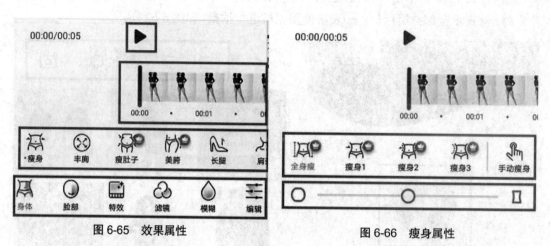——效果的属性，例如此效果属性包含在"身体"属性分类之中，以此类推，不同属性分类包含若干效果属性（如图 6-65 所示）。例如导入视频素材，选择"身体"效果分类中的"瘦身"属性，弹出五种瘦身属性，分别是"全身瘦""瘦身 1""瘦身 2""瘦身 3""手动瘦身"，通过移动"圆形滑块"进行效果调节（如图 6-66 所示）。

图 6-65　效果属性

图 6-66　瘦身属性

（4）选择"全身瘦"，将"圆形滑块"调节至右侧，观看效果（如图 6-67 所示）。此时"素材内容"生成颜色，代表产生效果。如果对效果不满意，可以单击右侧"垃圾桶"，选择"是的"对效果进行删除（如图 6-68 所示）。

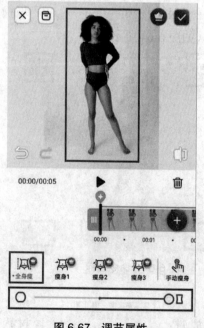

图 6-67　调节属性

图 6-68　删除命令

（5）如果需要分范围对素材进行调节效果，可以单击 ➕ 增添效果（生成新的颜色），对

"圆形滑块"进行调节（如图 6-69 所示），也可以通过移动"素材内容"前方滑块，对效果范围重新选择（如图 6-70 所示）。

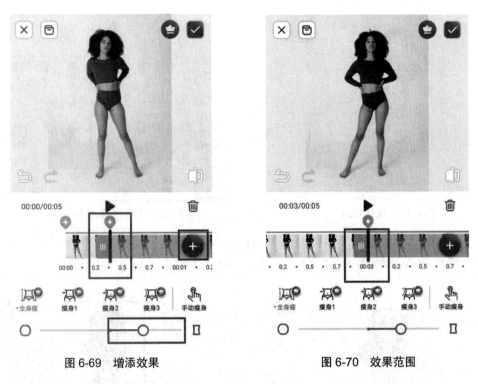

图 6-69　增添效果　　　　　　　　　　图 6-70　效果范围

（6）重新导入素材，选择"身体"→"瘦身"→"手动瘦身"（如图 6-71 所示）。通过调节"箭头"，可移动、缩放、旋转"手动瘦身"范围至合适位置，使用"圆形滑块"进行调节（如图 6-72 所示）。

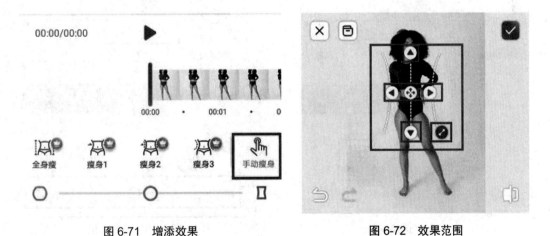

图 6-71　增添效果　　　　　　　　　　图 6-72　效果范围

（7）得到满意的瘦身效果后，单击右上方"对勾"确认（如图 6-73 所示），再选择"身体"中的"长腿"（如图 6-74 所示）。

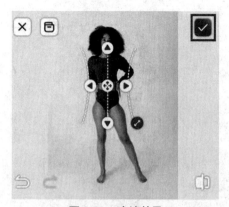

图 6-73　确认效果

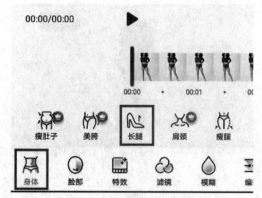

图 6-74　长腿效果属性

（8）可以通过移动"箭头"或选择"手动长腿"命令，调节"长腿"范围（如图 6-75 所示），再使用"圆形滑块"调节"长腿"数值（如图 6-76 所示）。

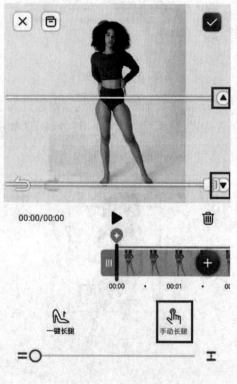

图 6-75　选择范围

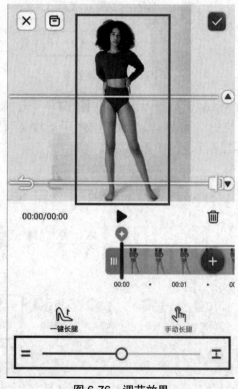

图 6-76　调节效果

（9）单击右上方"对勾"确认（如图 6-77 所示），再单击右上方"箭头"进行渲染（如图 6-78 所示）。

图 6-77　确认效果

图 6-78　渲染效果

（10）默认将修改后的素材保存到相册之中（如图 6-79 所示）。在使用 PrettyUp 软件过程中，需要注意的是，带有 图标的命令是需要付费激活才能使用的效果（如图 6-80 所示）。

图 6-79　保存到相册

　　　全身瘦　　瘦身1　　瘦身2　　瘦身3

图 6-80　付费命令

（11）重新导入一个带有人物面部的视频素材，其选择"脸部"，包括"五官重塑""美颜""缩头""五官立体""眼睛"等选项（如图 6-81 所示）。选择"五官重塑"，其包括"脸型""脸部""鼻子""嘴唇""眼睛""眉毛"等选项，每个选项又包含不同效果。例如，选择"脸型"→"圆脸"，使用"圆形滑块"调节数值，观察脸部变化。单击 ⊚ 图标，可选择调节"两侧"或"左侧"或"右侧"（如图 6-82 所示）。

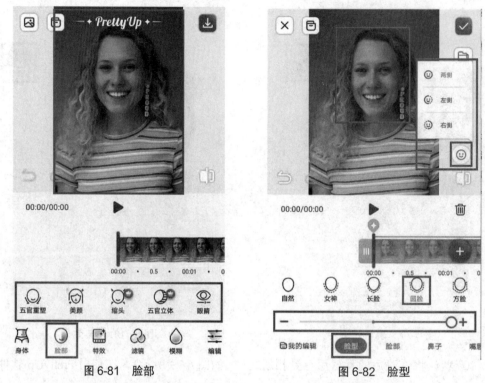

图 6-81　脸部　　　　　　　　　图 6-82　脸型

（12）单击 图标可保存调节后的"脸部"效果（如图 6-83 所示）。当需要再次编辑人物素材的"脸部"效果时，可以单击"我的编辑"选择保存过的效果，方便快捷（如图 6-84 所示）。

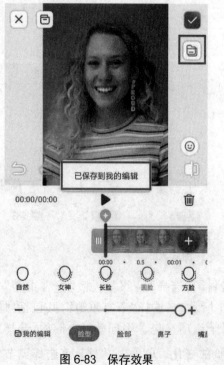

图 6-83　保存效果

图 6-84　我的编辑

（13）如果需要将保存的效果删除，可长按效果图像直至出现 ⊖ 图标（如图 6-85 所示），单击 ⊖ 图标，在弹出的"删除编辑"对话框中单击"是的"即可（如图 6-86 所示）。

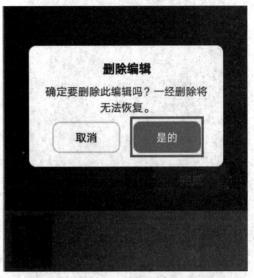

图 6-85　选择要删除的效果　　　　　　　　　图 6-86　删除编辑

（14）单击效果分类中的"特效"，可以增添素材的特殊效果（如图 6-87 所示），其中包括"无特效 ⊘""欢度节日""复古漏光""流金岁月""仙女风""录像机""魔法世界""潮流霓虹""赛博朋克""艺术人生""萌趣甜心"等效果属性（如图 6-88 所示）。

图 6-87　特效

图 6-88　特效属性

（15）导入一个视频素材（如图 6-89 所示），选择"欢度节日"→"FE1"，对比使用"特效"前后的效果（如图 6-90 所示）。

图 6-89　导入素材

图 6-90　使用特效后的效果

（16）可以通过"圆形滑块"调节效果透明度（如图 6-91 所示）。如果需要保留特效效果，可长按此效果即可保留；如果需要删除保留的特效效果，长按此效果即可删除。单击 ♡ 图标可观察保留的效果（如图 6-92 所示）。

图 6-91　调节透明度

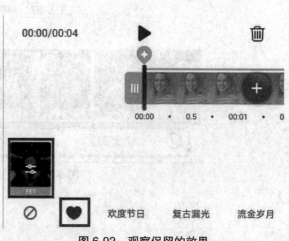

图 6-92　观察保留的效果

（17）单击效果分类中的"滤镜"，可以增添素材的视觉效果（如图 6-93 所示），包括"无

滤镜 　""精选""Ins""度假""自拍""圣诞颂歌""冷白皮""金色年华""独立美学""菲林""夏日狂欢""艺术""岛屿""小樽""复古""梦幻"等效果属性（如图 6-94 所示）。

图 6-93　滤镜

图 6-94　滤镜属性

（18）导入一个视频素材（如图 6-95 所示），选择"金色年华"→"GO02"，对比使用"滤镜"前后的效果。滤镜效果透明度、保留滤镜效果、删除滤镜效果等操作，可以参考"特效"效果（如图 6-96 所示）。

图 6-95　导入素材

图 6-96　使用特效后的效果

　　（19）单击效果分类中的"模糊"，可以增添素材的羽化效果（如图6-97所示），包括"无""自动""心形""三角形""圆形""矩形""星形""三角形""六边形""菱形""钻石型"等效果属性（如图6-98所示）。

图6-97　模糊

图6-98　模糊属性

　　（20）当选择某一种"模糊"特效属性时，会出现⬭图标与◊图标。⬭图标调节模糊的程度；◊图标调节边缘的模糊程度。例如，选择"圆形"，使用⬭图标的"圆形滑块"调节模糊效果（如图6-99所示）；使用◊图标的"圆形滑块"调节边缘的模糊效果（如图6-100所示）。

图6-99　模糊

图6-100　边缘模糊

　　（21）单击效果分类中的"编辑"，可以调节素材的多种属性（如图 6-101 所示），包括"美白""亮度""对比度""饱和度""自然饱和度""锐化""氛围""高光""阴影""色温""颗粒""曝光"等效果属性（如图 6-102 所示）。

图 6-101　编辑

图 6-102　编辑属性

　　（22）"美白"用于调节人物图像的皮肤的白皙程度，观察调节后的素材效果（如图 6-103 所示）。"亮度"用于调节人物图像的明亮程度，观察调节后的素材效果（如图 6-104 所示）。

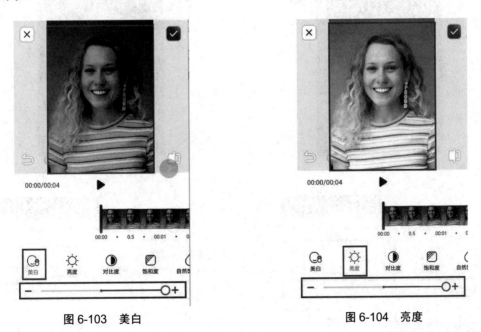

图 6-103　美白　　　　　　　　　　　　图 6-104　亮度

　　（23）"对比度"用于调节人物图像的黑白比值程度，观察调节后的素材效果（如图 6-105 所示）。"饱和度"用于调节人物图像的色彩鲜艳程度，观察调节后的素材效果（如图 6-106 所示）。

图 6-105　对比度

图 6-106　饱和度

（24）"自然饱和度"也用于调节人物图像的色彩鲜艳程度，但与"饱和度"不同，"自然饱和度"只增添未饱和的颜色，也称智能饱和度，观察调节后的素材效果（如图 6-107 所示）。"锐化"用于调节人物图像的清晰程度，观察调节后的素材效果（如图 6-108 所示）。

图 6-107　自然饱和度

图 6-108　锐化

（25）"氛围"用于调节人物图像的色彩浓郁程度，观察调节后的素材效果（如图 6-109 所示）。"高光"用于调节人物图像的亮部程度，提升人物立体感，观察调节后的素材效果（如图 6-110 所示）。

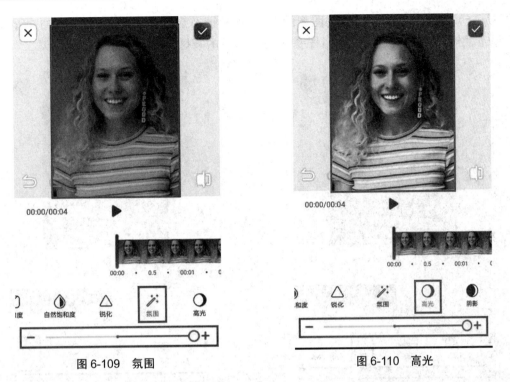

图 6-109　氛围　　　　　　　　　　　　图 6-110　高光

（26）"阴影"用于调节人物图像的暗部程度，提升人物立体感，观察调节后的素材效果（如图 6-111 所示）。"色温"用于调节人物图像的冷暖程度，观察调节后的素材效果（如图 6-112 所示）。

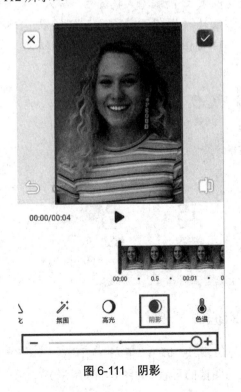

图 6-111　阴影

图 6-112　色温

（27）"颗粒"用于增添人物图像的杂色，观察调节后的素材效果（如图6-113所示）。"曝光"用于调节人物图像的明暗程度，观察调节后的素材效果（如图6-114所示）。

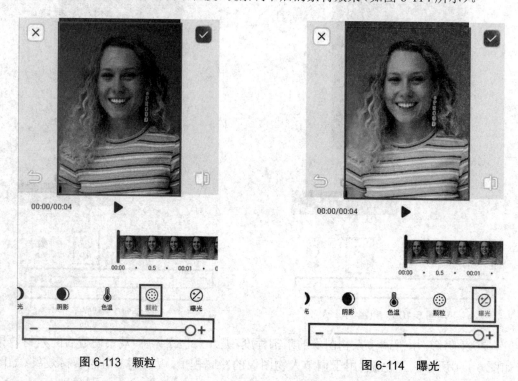

图 6-113　颗粒　　　　　　　　　　　图 6-114　曝光

（28）在 PrettyUp 软件中，用户不仅能编辑人物视频，还能编辑人物图片。导入一张人物图片，效果分类中会多出四种效果，分别是"重塑""修补""抠图""裁剪矫正"（如图6-115所示），还包括"重塑"⊞"微调"⊞"缩放"⊞"恢复"⊞"锁定"等特效属性（如图6-116所示）。

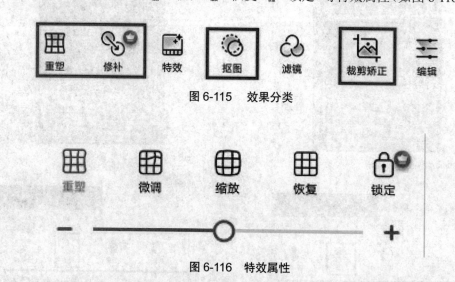

图 6-115　效果分类

图 6-116　特效属性

（29）单击"重塑"⊞图标，可以通过使用"圆形滑块"调节"重塑"范围的大小（如图6-117所示）。通过移动"重塑"效果，可以编辑人物图像的形状（如图6-118所示）。

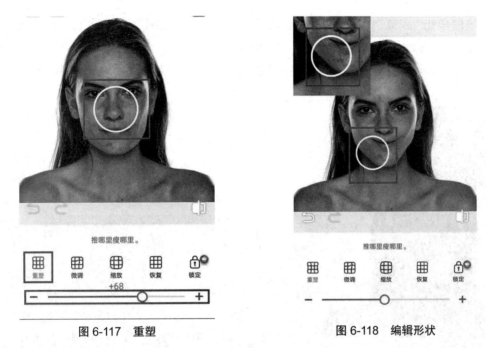

图 6-117　重塑　　　　　　　　　　　　　　图 6-118　编辑形状

（30）单击"微调" ⊞ 图标，可以通过"圆形滑块"调节"微调"范围的大小（如图 6-119 所示）。通过移动"微调"效果，可以编辑人物图像的形状，效果与"重塑"类似，作用力小于"重塑"。单击"缩放" ⊞ 图标，通过双指对称划动，可以缩放人物图像的形状。⊗ 图标呈灰色状态，表示缩放人物图像局部；⊗ 图标呈彩色状态，表示缩放人物图像整体（如图 6-120 所示）。

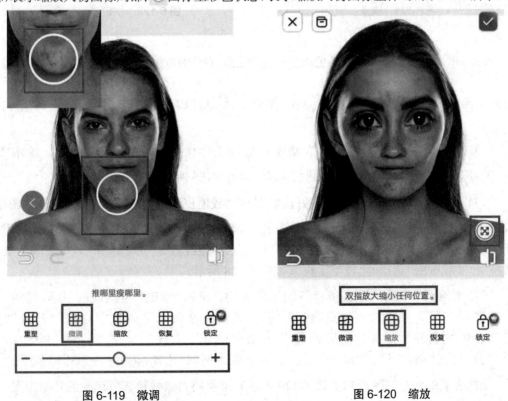

图 6-119　微调　　　　　　　　　　　　　　图 6-120　缩放

（31）单击"恢复" ⊞ 图标，通过移动"恢复"效果，人物图像可以回到初始状态（如图6-121所示）。单击"锁定" 🔓 图标，会生成"锁定" 🔒 "擦除" 🔓 "填满" 🏷 "清空" 🗑 四个新效果属性，可以通过使用"圆形滑块"调节"锁定"与"擦除"的范围大小（如图6-122所示）。

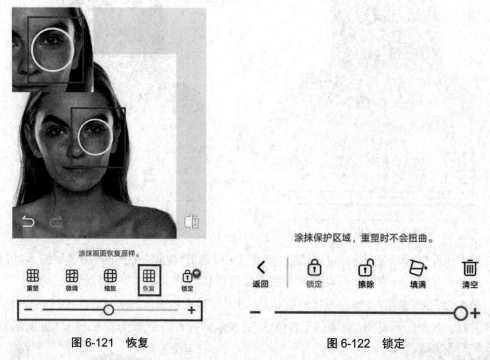

图 6-121　恢复　　　　　　　　图 6-122　锁定

（32）单击"锁定" 🔓 可对图像涂抹彩色的范围，彩色的范围之内是保护范围，重塑时候不会被扭曲变形（如图6-123所示）。单击"擦除" 🔓 可以对彩色范围进行擦除（如图6-124所示）。

（33）单击"填满" 🏷 可以对人物图片进行整体保护（如图6-125所示）。单击"清空" 🗑 可以对人物图片的整体保护进行删除（如图6-126所示）。

（34）"修补" 🩹 效果是利用"较好皮肤"替换"较差皮肤"。单击"修补"生成三个图标，○ 图标用于调节修补范围的大小；◌ 图标用于调节修补范围边缘的羽化大小；◉ 图标用于调节修补范围整体的羽化大小（如图6-127所示）。"虚线圆圈"用于选择"较好皮肤"，其可替换用"实线圆圈"选择的"较差皮肤"（如图6-128所示）。

（35）"抠图" ✂ 效果即去掉背景图保留人物。单击"抠图"生成新的界面，包括"背景""融合""导入贴纸"。"背景"包括"无背景""收藏背景""闪光""小家""户外""圣诞""新年""名胜""婚礼""街景画报""云朵""镭射""水波""星空""碎钻天空""旧报纸""惊魂夜""魔法学校""渐变""纯色"等效果。例如，选择"闪光"→"GL1"效果（"相册" 🖼 即手机中保存的图片）（如图6-129所示），即可将背景替换成所选择的背景图案（如

图 6-130 所示）。

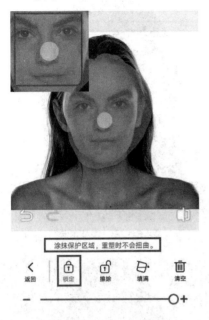

图 6-123　锁定

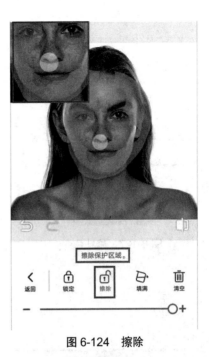

图 6-124　擦除

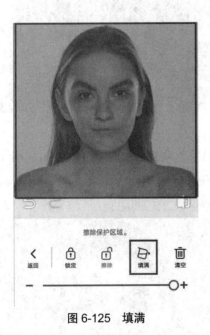

图 6-125　填满

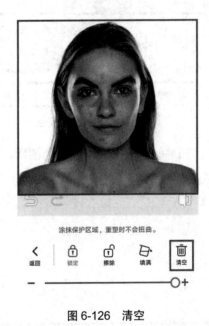

图 6-126　清空

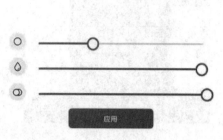

图 6-127　修补命令

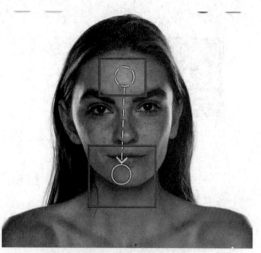

图 6-128　修补区域

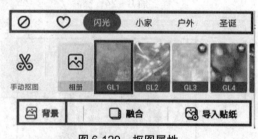

图 6-129　抠图属性

图 6-130　替换背景

（36）单击"融合"生成三个图标，⊘ 图标用于调节人物图像明暗程度；ᵂᴮ 图标用于调节人物图像饱和度的大小；◌ 图标用于调节人物图像边缘的羽化大小（如图 6-131 所示）。通过调节三个属性，使人物图像与背景图案更好地结合在一起（如图 6-132 所示）。

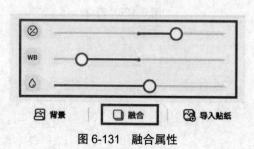

图 6-131　融合属性

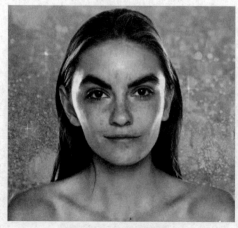

图 6-132　融合效果

（37）"导入贴纸"即导入手机中保存的贴纸图片（如图 6-133 所示）。单击"手动抠图"即人工对人物进行抠图（如图 6-134 所示），红色区域即图案保留部分，非红色区域即图案抠除部分。

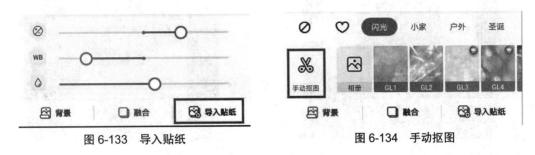

图 6-133　导入贴纸　　　　　　　　　　　　图 6-134　手动抠图

（38）单击"手动抠图"后生成新的界面。 图标用于自动对人像生成红色保留区域；图标用于调节绘制红色区域画笔的大小；图标用于调节擦除红色区域橡皮的大小；图标用于调节画笔与橡皮边缘的羽化大小；图标用于将图片全部填充为红色区域；图标用于观察抠图效果；图标用于取消抠图效果；图标用于确定抠图效果（建议使用效果）（如图 6-135 所示），观察最终的抠图效果（如图 6-136 所示）。

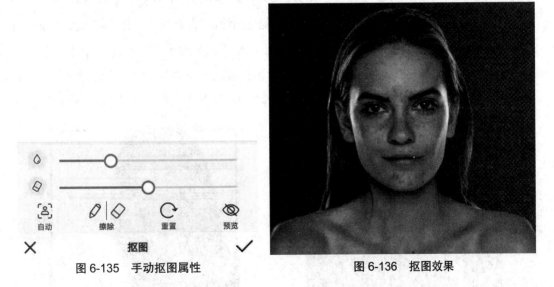

图 6-135　手动抠图属性　　　　　　　　　　图 6-136　抠图效果

（39）单击"裁剪矫正"生成新的界面。效果属性包括"水平翻转"、"旋转"、"裁剪"、"矫正"、"还原"。单击"水平翻转"可以对人物图片进行水平翻转（如图 6-137 所示），每单击一次"旋转"，即可对人物图片向左旋转 90 度（如图 6-138 所示）。

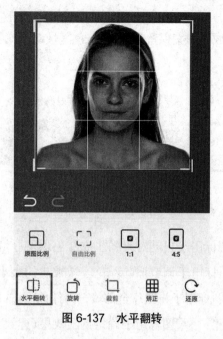

图 6-137　水平翻转

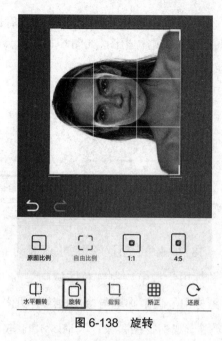

图 6-138　旋转

（40）单击"裁剪"可以选择不同的裁剪比例，包括"原图比例""自由比例""1∶1""4∶5""5∶4""3∶4""4∶3""2∶3""3∶2""16∶9""9∶16"等比例（如图 6-139 所示）。单击"矫正" ⊞ 生成新的界面，"平面矫正" ⊜ 通过移动刻度指针，对人物图片进行旋转对齐；"垂直矫正" ⑩ 通过移动刻度指针，对人物图片沿着 Y 轴对齐；"水平矫正" ⊜ 通过移动刻度指针，对人物图片沿着 X 轴对齐；"黑色填充" ♠ 在由矫正造成的多余位置上填充黑色；"还原" ↻ 恢复人物图片初始状态；✕ 图标取消矫正效果；✔ 图标保存矫正效果（如图 6-140 所示）。

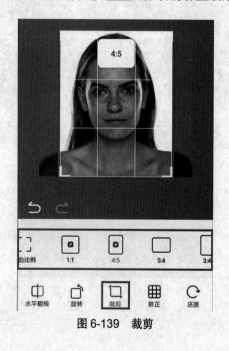

图 6-139　裁剪

图 6-140　矫正属性

（41）单击"还原" $\circlearrowright$ 效果属性（如图 6-141 所示），人物图片恢复初始状态（如图 6-142所示）。

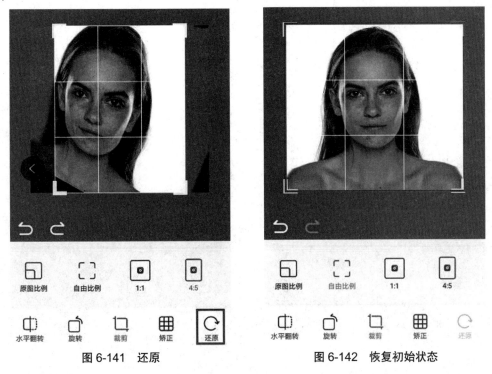

图 6-141　还原　　　　　　　　　图 6-142　恢复初始状态

课后练习

1. 选择题

（1）剪映是（　　）推出的一款移动端视频编辑工具。（单选题）

A. 抖音官方　　　　　B. 快手官方　　　　　C. 腾讯官方　　　　　D. 微软官方

（2）剪映可以在短视频中制作（　　）等效果。（多选题）

A. 音频　　　　　　　B. 字幕　　　　　　　C. 特效　　　　　　　D. 关键帧

（3）（　　）是专为视频美化而研发的软件。（单选题）

A.Premiere　　　　　B.PrettyUp　　　　　C.Photoshop　　　　　D.After Effect

（4）（　　）不能兼容 Window 系统。（单选题）

A.PrettyUp　　　　　B.After Effec　　　　C.Premiere　　　　　D.Photoshop

2. 简答题

（1）简述剪映软件的主要功能。

（2）简述 PrettyUp 软件的主要功能。

3. 操作题

请使用剪映与 PrettyUp 软件制作一段短视频作品，作品时长不超过 1 分钟，要求素材尽可能选用剪映与 PrettyUp 软件的内置素材，作品要体现出剪映与 PrettyUp 的制作特点，突出滤镜、特效及视频美化等功能，以体现它们与传统视频编辑软件的不同之处。